传感与检测技术

（第 3 版）

主编　耿　淬　刘冉冉

参编　郑恩兴　史玉立　王五安
　　　查　娜　张　俊

主审　李红光

北京理工大学出版社

BEIJING INSTITUTE OF TECHNOLOGY PRESS

图书在版编目（CIP）数据

传感与检测技术／耿淬，刘冉冉主编．—3 版．—北京：北京理工大学出版社，2017.8

ISBN 978-7-5682-4626-2

Ⅰ．①传…　Ⅱ．①耿…②刘…　Ⅲ．①传感器-高等学校-教材　Ⅳ．①TP212

中国版本图书馆 CIP 数据核字（2017）第 199438 号

出版发行／北京理工大学出版社有限责任公司

社　　址／北京市海淀区中关村南大街 5 号

邮　　编／100081

电　　话／（010）68914775（总编室）

　　　　　（010）82562903（教材售后服务热线）

　　　　　（010）68948351（其他图书服务热线）

网　　址／http://www.bitpress.com.cn

经　　销／全国各地新华书店

印　　刷／三河市华骏印务包装有限公司

开　　本／787 毫米×1092 毫米　1/16

印　　张／14.25　　　　　　　　　　　　　　责任编辑／张旭莉

字　　数／336 千字　　　　　　　　　　　　　文案编辑／张旭莉

版　　次／2017 年 8 月第 3 版　2017 年 8 月第 1 次印刷　　责任校对／周瑞红

定　　价／56.00 元　　　　　　　　　　　　　责任印制／李志强

丛书编审委员会

主任委员

夏成满　晏仲超

委　员

常松南　陶向东　徐　伟　王稼伟　刘维俭　曹振平

倪依纯　郭明康　朱学明　孟华锋　朱余清　赵太平

孙　杰　王　琳　陆晓东　缪朝东　杨永年　强晏红

赵　杰　吴晓进　曹　峰　刘爱武　何世伟　丁金荣

前　　言

本书是根据教育部新一轮高等教育教学改革成果——最新研发的机电技术专业、数控技术专业人才培养方案中机床数控技术核心课程标准，并参照了相关国家职业标准及有关行业职业技能鉴定规范编写的。

本书打破了原来各学科体系的框架，将各学科的内容按项目进行合理整合。采用了综合化、模块化和项目化的编写思路，以实践活动为主线，将理论知识和技能训练有机结合，突出综合职业能力的培养。

本书设置了若干应用型的项目，每个项目均由若干个具体的典型工作任务组成，每个任务将相关知识和实践过程相结合，力求体现理论实践一体化的教学理念。在内容的选择上降低理论重心，删除烦冗的数学计算和复杂的电路分析，突出实践应用，注重培养学生的应用能力和解决问题的实际工作能力；在内容组织形式上强调学生的主体性，在每个任务实施前，先提出学习目标，使学生在开始学习每个项目前就知道具体的学习任务和要求，便于学生的自学与自评。在任务实施过程中，通过一系列的问题进行任务分析，将理论与实践相结合，巩固所学知识，提高实践能力。在内容的安排上采用相关知识概述—任务实施—知识拓展的顺序，既符合学生的认知规律和技能形成的规律，又兼顾了学生的可持续性发展。

本书可作为高等院校机电技术专业、数控技术专业、电气自动化专业及其他相关专业的教材，也可作为相关行业的岗位培训教材及有关人员的自学用书。

本书参考学时数为60学时，各项目的推荐学时如下：

序　号	项　目	学　时		
		理论	实践	合计
1	传感器的基本知识	1	2	3
2	参量传感器的使用	6	14	20
3	发电传感器的使用	4	8	12
4	脉冲传感器的使用	4	8	12
5	特殊传感器的使用	2	5	7
6	机　动	3	3	6
合　计		20	40	60

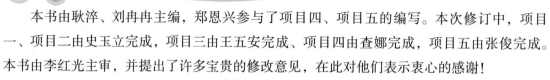

　　本书由耿淬、刘冉冉主编，郑恩兴参与了项目四、项目五的编写。本次修订中，项目一、项目二由史玉立完成，项目三由王五安完成、项目四由查娜完成，项目五由张俊完成。本书由李红光主审，并提出了许多宝贵的修改意见，在此对他们表示衷心的感谢！

　　由于编者学识和水平有限，书中错漏之处在所难免，敬请读者批评指正。

编　者

目　　录

项目一　认识传感器检测装置 ··· 1
　　思考与练习 ·· 22
项目二　参量传感器的使用 ··· 23
　　任务一　使用电阻应变式传感器 ·· 24
　　任务二　使用热电阻传感器 ·· 41
　　任务三　使用压阻式传感器 ·· 51
　　任务四　使用气敏电阻传感器 ··· 57
　　任务五　使用电容式传感器 ·· 63
　　任务六　使用湿敏传感器 ··· 75
　　任务七　使用电感式传感器 ·· 79
　　任务八　使用电涡流式传感器 ··· 88
　　思考与练习 ·· 100
项目三　发电传感器的使用 ··· 103
　　任务一　使用压电式传感器 ··· 104
　　任务二　使用磁电式传感器 ··· 111
　　任务三　使用霍尔式传感器 ··· 115
　　任务四　使用光电式传感器 ··· 122
　　任务五　使用热电偶传感器 ··· 129
　　思考与练习 ·· 144
项目四　脉冲传感器的使用 ··· 145
　　任务一　使用光栅 ··· 146
　　任务二　使用磁栅传感器 ·· 154
　　任务三　使用编码器 ··· 159
　　任务四　使用旋转变压器 ·· 166
　　任务五　使用感应同步器 ·· 173
　　思考与练习 ·· 188
项目五　特殊传感器的使用 ··· 189
　　任务一　使用光纤传感器 ·· 190

任务二　使用红外传感器…………………………………………………… 200

任务三　使用超声波传感器………………………………………………… 207

思考与练习………………………………………………………………… 218

参考文献………………………………………………………………… 219

项目一
认识传感器检测装置

本项目主要包含了传感器的基本概念、组成、分类、作用及其相关参数，通过本项目的学习，了解传感器的基本知识，并知道检测技术综合试验台的组成及其使用方法。

【学习目标】

能力目标

(1) 能识别实验台配置的相关传感器。

(2) 会应用传感器实验系统软件。

(3) 能说出实验台各模块的作用及面板功能。

(4) 会计算传感器的非线性误差及灵敏度。

(5) 知道岗位操作规程，具有安全操作意识。

(6) 完成报告。

知识目标

(1) 知道传感器的基本概念。

(2) 了解传感器的基本组成部分及其分类。

(3) 掌握传感器的特性参数。

(4) 了解传感器与检测技术综合实验台组成。

活动 1　传感器的基本知识

（一）传感器的定义

人体的五官是感受外界刺激的感觉器官，它把感受到的刺激传给大脑，并做出相应的反应。在自动控制系统中，传感器相当于人类的感觉器官，它能把检测到的各种物理量、化学量、生物量和状态量等信息转换为电信号，并传给控制器进行处理、存储和控制。

信息处理技术取得的进展以及微处理器和计算机技术的高速发展，都需要在传感器的开发方面有相应的进展。微处理器现在已经在测量和控制系统中得到了广泛的应用。随着这些系统能力的增强，作为信息采集系统的前端单元，传感器的作用越来越重要。传感器已成为自动化系统和机器人技术中的关键部件，作为系统中的一个结构组成，其重要性变得越来越明显。

根据中华人民共和国国家标准（GB 7665—1987），传感器（Transducer/Sensor）的定义是：能感受规定的被测量并按照一定的规律转换成可用输出信号的器件或装置。

传感器是一种以一定的精确度把被测量转换为与之有确定对应关系的、便于应用的某种物理量的测量装置。其包含以下几个方面的意思：

（1）传感器是测量装置，能完成检测任务。

（2）输入量是某一被测量，可能是物理量，也可能是化学量、生物量等。

（3）输出量是某种物理量，这种量要便于传输、转换、处理、显示等，这种量可以是气、光、电量，但主要是电量。

（4）输入输出有对应关系，且应有一定的精确度。

传感器检测到的各种信息中，大多数是非电量信号。非电量是指除了电量之外的一些参数，如压力、流量、尺寸、位移量、重量、力、速度、加速度、转速、温度、酸碱度等，而电量一般是指物理学中的电学量，如电压、电流、电阻、电容、电感等。在机械加工中使用的数控机床，需要对工件、刀具的位置、位移等机械量进行测量，都属于非电量的检测。

非电量不能直接使用一般电工表和电子仪器测量，因为一般电工仪表和电子仪器要求输入的信号为电信号。但在自动控制系统中，要求输入的信息为电量信号，这就需要将被测量转化为电量，这要靠传感器来实现。因此，传感器的本质是一种以测量为目的，以一定的精度把被测量转换为与之有确定关系的、便于处理的另一种物理量的测量器件。目前，传感器的输出信号多为易于处理的电量，如电压、电流、频率等。

（二）传感器的组成

传感器一般是利用某些物质的物理、化学和生物的特性或原理按照一定的制造工艺研制出来的。由于传感器的作用、原理、制造的工艺等不同，所以它们有较大的差别。但是，传感器一般由敏感元件、转换元件、转换电路 3 部分组成，如图 1-1-1 所示。

被测量 → 敏感元件 → 非电量 → 转换元件 → 电参量 → 转换电路 → 电量

图 1-1-1　传感器的组成

1. 敏感元件

敏感元件是直接感受被测量，并输出与被测量成确定关系的某一物理量的元件。

2. 转换元件

转换元件以敏感元件的输出为输入，把输入转换成某一电路参数。

3. 转换电路

转换电路又称测量电路，主要用来将传感器输出的电信号进行处理和变换，如放大、运算、调制、数模或模数变换等，使其输出的信号便于显示和记录。从测量电路输出的信号输入到自动控制系统，对测量结果进行信息处理。

最简单的传感器由一个敏感元件（兼转换元件）组成，它感受被测量时直接输出电量，如热电偶。有些传感器由敏感元件和转换元件组成，没有转换电路，如压电式加速度传感器，其中质量块 m 是敏感元件，压电片（块）是转换元件。有些传感器，转换元件不只一个，要经过若干次转换。

（三）传感器的分类

传感器一般是根据物理学、化学、生物学等特性、规律和效应设计而成的。由某一原理设计的传感器可以同时测量多种非电量，而有时一种非电量又可用几种不同的传感器测量，因此传感器的分类方法有很多，一般可按以下几种方法进行分类。

1. 按被测物理量进行分类

按被测物理量的性质进行分类，可分为温度传感器、湿度传感器、压力传感器、位移传感器、流量传感器、液位传感器、力传感器、加速度传感器、转矩传感器等。

2. 按工作原理进行分类

这种分类方法是以工作原理，将物理和化学等学科的原理、规律和效应作为分类依据，将其分为参量传感器、发电传感器、脉冲传感器及特殊传感器。其中参量传感器有触点传感器、电阻传感器、电感式传感器、电容式传感器等；发电传感器有光电式传感器、压电式传感器、热电偶传感器、磁电式传感器、霍尔式传感器等；脉冲传感器有光栅、磁栅、感应同步器、码盘等；特殊传感器是不属于以上 3 种类型的传感器，如光纤传感器、超声波传感器等。

3. 按输出信号的性质进行分类

按输出信号的性质分为模拟式传感器和数字式传感器，即传感器的输出量为模拟量或数字量。数字传感器便于与计算机连用，且抗干扰性强。例如盘式角压数字传感器、光栅传感器等。

由于按工作原理的分类方法具有较为系统、避免名目过多等优点，所以本课程中主要采用这种分类方式对各种常用传感器进行介绍。常见的传感器如图 1-1-2 所示。

（四）传感器的特性参数

在科学试验和生产过程中，需要对各种各样的参数实时检测和控制，这就要求传感器能感受被测非电量并将其转换成与被测量有一定函数关系的电量。传感器所测量的非电量是处在不断的变动之中，传感器能否将这些非电量的变化不失真地变换成相应的电量，取决于传感器的输入-输出特性。传感器这一基本特性可用其静态特性和动态特性来描述。本课程主要就其静态特性进行介绍。传感器的静态特性是指传感器转换的被测量数值处在稳定状态时，传感器的输出与输入的关系。传感器静态特性的主要技术指标有：灵敏度、线性度、响应特性、稳定性、精度等。

荷重传感器

压阻式传感器

光敏传感器

热电偶、热电阻

电容式传感器

超声波传感器

图 1-1-2　常见的传感器

1. 灵敏度

传感器的灵敏度是其在稳态下输出增量 Δy 与输入增量 Δx 的比值，常用 S_n 来表示：

$$S_n = \frac{\Delta y}{\Delta x} \qquad (1-1-1)$$

传感器的灵敏度越高，可以感知越小的变化量，即被测量稍有微小变化时，传感器即有较大的输出。但灵敏度很高时，与测量信号无关的外界噪声也容易混入，并且噪声也会被放大。因此，对传感器往往要求有较大的信噪比。

2. 非线性误差

非线性误差就是其输出量与输入量之间的实际关系曲线偏离直线的程度，又称线性度。用公式 1-1-2 表示。其几何意义如图 1-1-3 所示。

$$E = \pm \frac{\Delta_{max}}{y_{FS}} \times 100\% \qquad (1-1-2)$$

式中　Δ_{max} ——实际输入-输出特性曲线与拟合直线之间的最大偏差；

　　y_{FS} ——传感器的满量程。

从理论上讲，在线性范围内，灵敏度保持定值。传感器的线性范围越宽，则其量程越大，并且能保证一定的测量精度。在选择传感器时，当传感器的种类确定以后首先要看其量程是否满足要求。

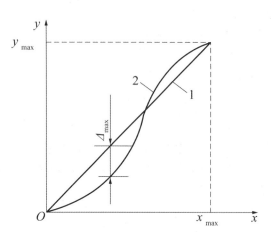

图 1-1-3　传感器线性度示意图
1—拟合直线 $y = ax$；2—实际特性曲线

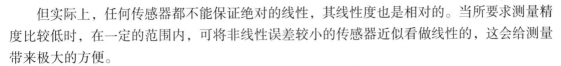

但实际上，任何传感器都不能保证绝对的线性，其线性度也是相对的。当所要求测量精度比较低时，在一定的范围内，可将非线性误差较小的传感器近似看做线性的，这会给测量带来极大的方便。

3. 频率响应特性

传感器的频率响应特性决定了被测量的频率范围，必须在允许频率范围内保持不失真的测量条件，实际上传感器的响应总有一定延迟，希望延迟时间越短越好。

传感器的频率响应高，可测的信号频率范围就宽，而由于受到结构特性的影响，机械系统的惯性较大，因而频率低的传感器可测信号的频率较低。

在动态测量中，应考虑到信号的特点（稳态、瞬态、随机等）响应特性，以免产生过大的误差。

4. 稳定性

传感器的稳定性是经过长期使用以后，其输出特性不发生变化的性能。影响传感器稳定性的因素是时间与环境。

为了保证稳定性，在选用传感器之前，应对使用环境进行调查，以选择合适的传感器类型。例如电阻应变式传感器，湿度会影响其绝缘性，温度会影响其零漂，长期使用会产生蠕变现象。又如，对于变极距型电容传感器，环境湿度或油剂浸入间隙时，会改变电容器介质。光电传感器的感光表面有灰尘或水泡时，会改变感光性质。对于磁电式传感器或霍尔效应元件等，当在电场、磁场中工作时，亦会带来测量误差。滑线电阻式传感器表面有灰尘时，将会引入噪声。

在有些机械自动化系统中或自动检测装置中，所用的传感器往往是在比较恶劣的环境下工作，其灰尘、油剂、温度、振动等干扰是很严重的。这时选用传感器时，必须优先考虑稳定性因素。

5. 精度

精度是传感器的一个重要的性能指标，它是关系到整个测量系统测量精度的一个重要环节。传感器的精度越高，其价格越昂贵，因此，传感器的精度只要满足整个测量系统的精度要求就可以，不必选得过高。这样就可以在满足同一测量目的的诸多传感器中选择比较便宜和简单的传感器。

如果测量目的是定性分析的，选用重复精度高的传感器即可，不宜选用绝对量值精度高的；如果是为了定量分析，必须获得精确的测量值，就需选用精度等级能满足要求的传感器。

对某些特殊使用场合，无法选到合适的传感器，则需自行设计制造传感器。自制传感器的性能应满足使用要求。

6. 其他选用原则

除了上述特性参数外，传感器的重复性及环境特性也是选用传感器时应考虑的重要因素。

很多传感器材料采用灵敏度高、信号易处理的半导体，所以周围环境对传感器影响最大的是温度，另外，大气压、湿度、振动、电源电压及频率都会影响传感器的特性。

重复性指在同一工作条件下输入量按同一方向在全测量范围内连续变动多次所得特性曲

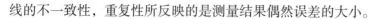

线的不一致性，重复性所反映的是测量结果偶然误差的大小。

（五）传感器技术的发展趋势

当前，传感器技术的主要发展动向，一是开展基础研究，发现新现象，开发传感器的新材料和新工艺；二是实现传感器的集成化与智能化。

1. 发现新现象，开发新材料

新现象、新原理、新材料是发展传感器技术，研究新型传感器的重要基础，每一种新原理、新材料的发现都会伴随着新的传感器种类诞生。

2. 集成化，多功能化

传感器向敏感功能装置发展，向集成化方向发展，尤其是半导体集成电路技术及其开发思想的应用。如采用微细加工技术 MEMS（Microelectro-Mechanical System）制作微型传感器；采用厚膜和薄膜技术制作传感器等。

3. 向未开发的领域挑战

开发的传感器大多为物理传感器，今后应积极开发研究化学传感器和生物传感器，特别是智能机器人技术的发展。需要研制各种模拟人的感觉器官的传感器，如已有的机器人力觉传感器、触觉传感器、味觉传感器等。

4. 智能传感器（Smart sensor）

智能传感器是具有判断能力、学习能力的传感器。事实上是一种带微处理器的传感器，它具有检测、判断和信息处理功能。

活动2　认识传感器与检测技术综合实验台

传感器与检测技术综合实验台如图 1-1-4 所示。

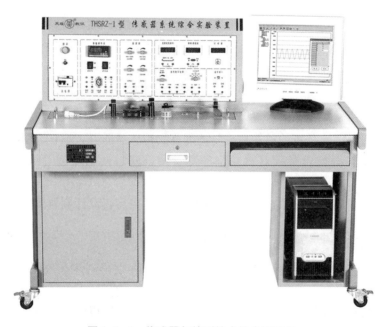

图 1-1-4　传感器与检测技术综合实验台

1. 概述

THSRZ-1 型传感器系统综合实验装置，可以进行"传感器技术""工业自动化控制""非电测量技术与应用""工程检测技术与应用"等课程的教学实验。

2. 设备构成

实验台主要由试验台部分、三源板部分、处理（模块）电路部分和数据采集通信部分组成。

1）试验台部分

这部分设有 1~10 kHz 音频信号发生器、1~30 Hz 低频信号发生器、四组直流稳压电源：±15 V、+5 V、±2~±10 V、2~24 V 可调电压、数字式电压表、频率/转速表、计时器以及高精度温度调节仪组成。如图 1-1-5~图 1-1-8 所示。

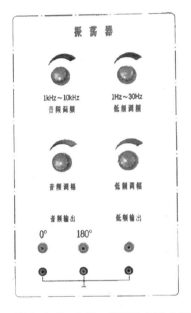

图 1-1-5　音频、低频信号发生器

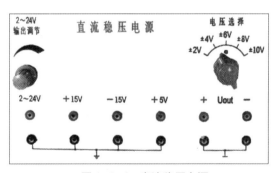

图 1-1-6　直流稳压电源

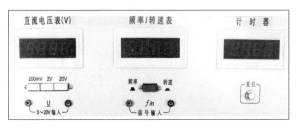

图 1-1-7　直流电压表、频率/转速表、计时器

图 1-1-8　高精度温度调节仪

2）三源板部分

三源是指热源、转动源和振动源。三源板如图1-1-9所示。

（1）热源：0～220 V交流电源加热，温度可控制在室温与120 ℃之间，控制精度为±1 ℃。

（2）转动源：2～24 V直流电源驱动，转速在0～4 500 rpm可调。

（3）振动源：振动频率为1～30 Hz（可调）。

图1-1-9　三源板

3）处理（模块）电路部分

试验台配置的测量模块有应变传感器实验模块、电容传感器实验模块、差动变压器实验模块、霍尔传感器实验模块、电涡流传感器实验模块、温度传感器实验模块、压力传感器实验模块、压电传感器实验模块、光纤传感器实验模块、移相器、相敏检波器、低通滤波器、光栅传感器模块等，分别如图1-1-10～图1-1-20所示。

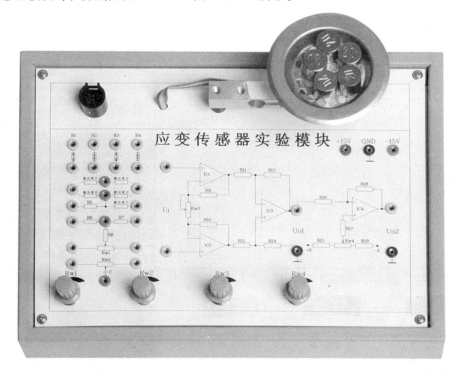

图1-1-10　应变传感器实验模块

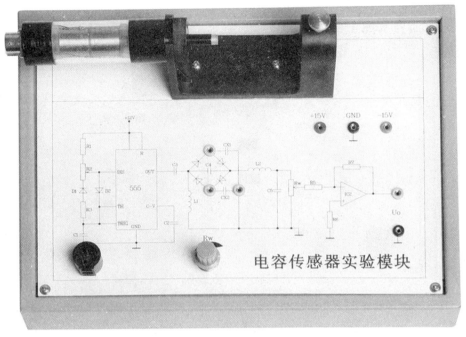

图 1-1-11　电容传感器实验模块

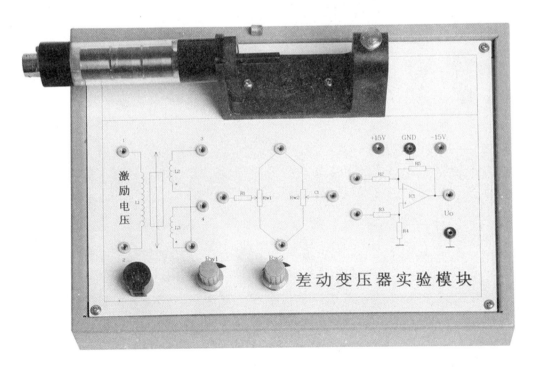

图 1-1-12　差动变压器实验模块

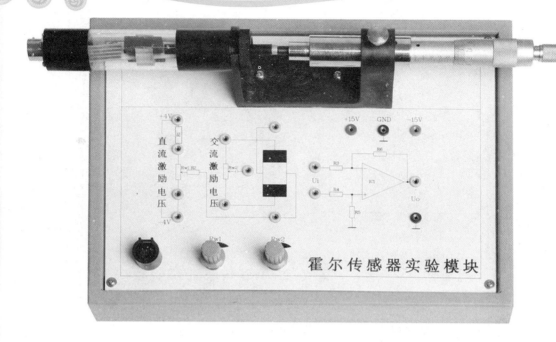

图 1-1-13　霍尔传感器实验模块

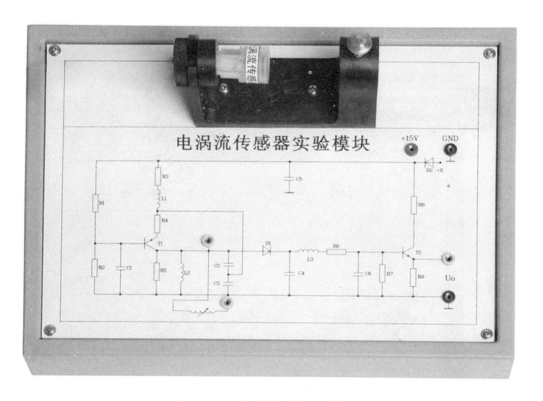

图 1-1-14　电涡流传感器实验模块

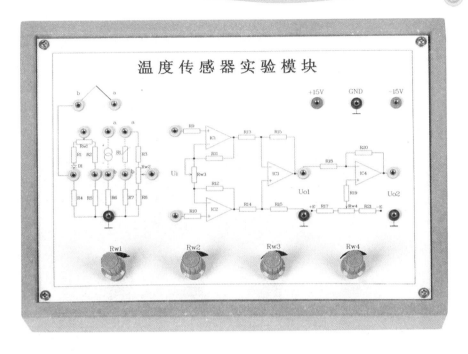

图 1-1-15　温度传感器实验模块

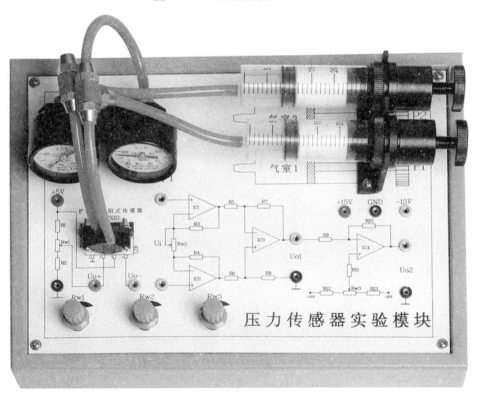

图 1-1-16　压力传感器实验模块

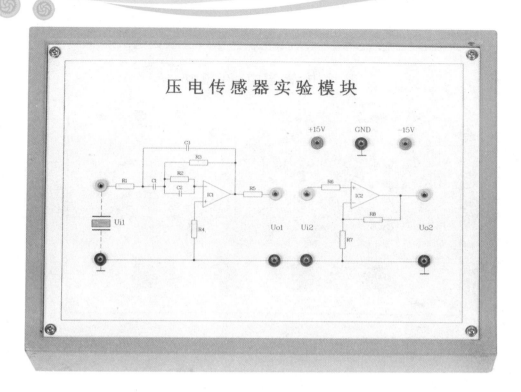

图 1-1-17　压电传感器实验模块

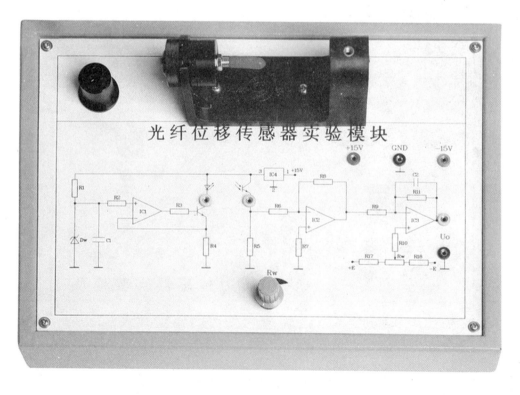

图 1-1-18　光纤传感器实验模块

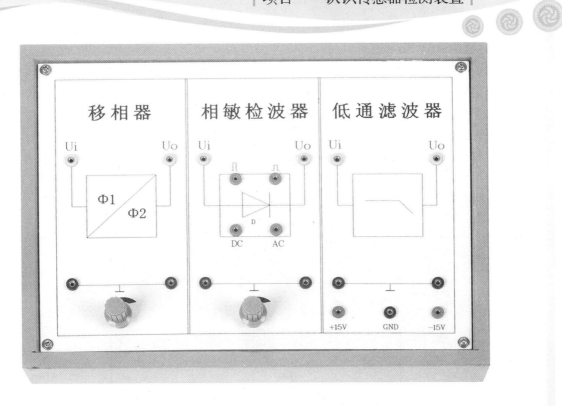

图 1-1-19 移相器、相敏检波器、低通滤波器

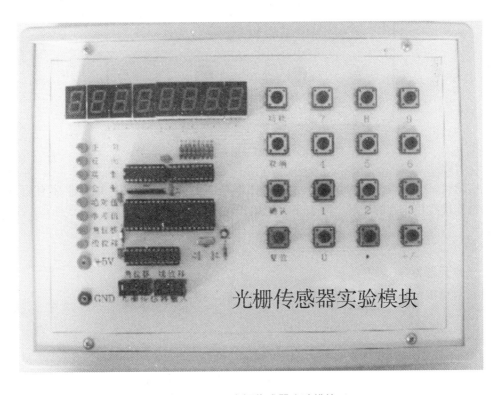

图 1-1-20 光栅传感器实验模块

4）数据采集、分析部分

为了加深对自动检测系统的认识，该实验台增设了 USB 数据采集卡及微处理机组成的微机数据采集系统（含微机数据采集系统软件）。通信接口如图 1-1-21 所示。该软件为 14 位 A/D 转换、采样速度达 300 kHz。利用该系统软件，可对实验现场采集数据，对数据进行动态或静态处理和分析，并在屏幕上生成十字坐标曲线和表格数据，对数据进行求平均值、列表、作曲线图以及对数据进行分析、存盘、打印等处理，实现软件为硬件服务、软件与硬件互动、软件与硬件组成系统的功能。注重考虑根据不同数据设定采集的速率、单步采样的时间间隔。

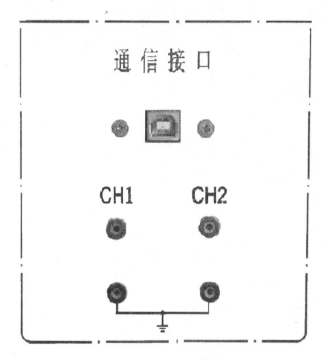

图 1-1-21　通信接口

该实验台，作为教学实验仪器，大多传感器基本上都做成透明，以便学生有直观的认识，测量连接线用定制的接触电阻极小的迭插式联机插头连接。

活动 3　项目实施

1. 清点元器件

（1）清点本试验台所配置的传感器主要有哪些，请写在下面。

（2）清点本试验台所配置的实验模块主要有哪些，请写在下面。

2. 认识传感器及检测技术综合试验台

（1）认识试验台的各组成部分，并写在下面。

（2）认识三源板的各组成部分，并写在下面。

（3）认识试验台配套的测量模块部分。

（4）认识数据采集、分析部分。

3. 检测试验台相关部件

（1）给试验台通电，将直流电源部分+15 V、−15 V、+5 V的正负极接到电压表上，用万用表检测是否显示+15 V、−15 V、+5 V。将电压选择挡分别打在±2 V、±4 V、±6 V、±8 V、±10 V，用万用表分别检测 U_{out} 的"+""⊥"和"−""⊥"两端是否为电压挡所对应的电压值。旋转2~24 V输出调节，用万用表检测是否变化范围为2~24 V。

（2）将直流电压表挡位选择20 V，将直流电源+15 V的正负极接到直流电压表上，检测直流电压表显示是否为15 V。

（3）将低频输入信号"低频调幅"调到最大，"低频调频"调到最小1 Hz，将低频输出到频率/转速表，旋转"低频调频"旋钮，用频率/转速表检测频率范围是否为1~30 Hz。

（4）在控制台上的"智能调节仪"单元中，"控制对象"选择"温度"，并按图1-1-22接线。其中PT100两个黄色的接线端接试验台上两个蓝色的接线柱，红色接线端接试验台上黑色的接线柱，打开调节仪电源，检测智能调节仪是否能正常显示室温。

（5）将2~24 V可调直流电压加到转动源电源输入端（注意+、−），转盘转动平稳；然后将+5 V和GND接霍尔传感器和光电传感器的电源输入端，用示波器观察是否有输出波形，调节2~24 V可调直流电压观察波形变化。

（6）从低频信号输入端输入低频信号，将低频信号发生器的低频调幅打到最大位置，调节低频调频旋钮，使振动梁振动，在13.3 Hz左右振幅达到最大（共振），检测振动源是否正常。

5. 小结

6. 清理工作台面

按规范要求清理工作现场、整理工具。

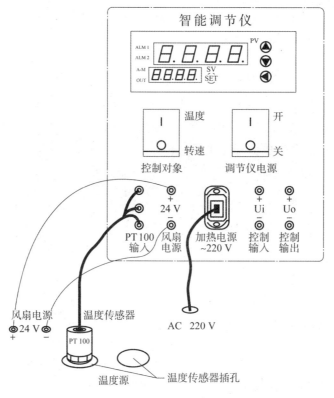

图 1-1-22　控制台 "智能调节仪" 连线

 知识拓展

（一）传感器中常用的基本测量电路

传感器中常用的基本测量电路主要有 5 种：电桥电路、差动放大器、反相比例放大器、同相比例放大器及电荷放大器 5 种类型。

1. 电桥电路

电桥电路在传感器的测量中应用很广泛，它可以把电阻的变化转换为电压的变化。**电桥电路按照不同的分类方法可以分为以下几种类型。**

1）按电源的性质分类

按照电源的性质分，可分为直流电桥和交流电桥两种类型，图 1-1-23 为直流电桥电路图。

用电桥进行测量前，必须先使电桥电路处于平衡状态，即电桥无输出。即：

$$U_o = 0 \text{ V}, \quad I_o = 0 \text{ A}$$

电桥的平衡条件为：

$$R_1 R_3 - R_2 R_4 = 0$$

这说明要使电桥平衡，其相邻两臂电阻的比值应相等或相对两臂电阻的乘积相等。

当采用交流电作为电源时，称为交流电桥。由于供桥电源为交流电源，引线分布电容使得二桥臂应变片呈现复阻抗特性，即相当于两只应变片各并联了一个电容。交流电桥电路如图 1-1-24 所示。

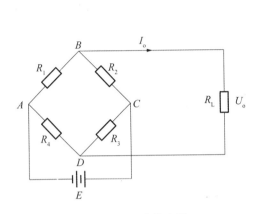

图 1-1-23　直流电桥

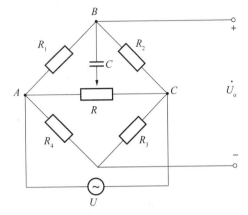

图 1-1-24　交流电桥电路

2）按桥臂的工作数量分类

按照桥臂的工作数量分，可分为单臂电桥、双臂电桥和全桥。

（1）单臂电桥。单臂电桥如图 1-1-25 所示。

在单臂桥中，R_1 为受力应变片，其余各臂为固定电阻。

（2）双臂电桥。双臂电桥如图 1-1-26 所示。

在双臂电桥中，R_1、R_2 为应变片，R_3、R_4 为固定电阻。

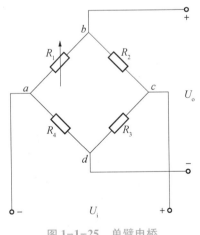

图 1-1-25　单臂电桥

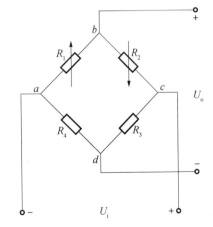

图 1-1-26　双臂电桥

> Tips
> 应变片 R_1、R_2 感受到的应变以及产生的电阻增量正负号相间，可以使输出电压成倍的增大。双臂电桥的线性度比单臂电桥要好，灵敏度是单臂电桥的两倍。

（3）全桥。全桥的 4 个桥臂都是应变片，如图 1-1-27 所示。

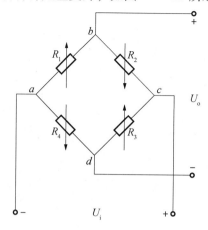

图 1-1-27　全桥电路

电桥四臂接入四片应变片，即两个受拉应变，两个受压应变，将两个应变符号相同的接入相对桥臂上。

> **Tips**
> 全桥差动电路不仅没有非线性误差，而且电压灵敏度为单臂工作时的 4 倍。

上述 3 种工作方式中，全桥四臂工作方式的灵敏度最高，双臂电桥次之，单臂半桥灵敏度最低，采用全桥（或双臂半桥）还能实现温度自补偿。

实际使用过程中，R_1、R_2、R_3、R_4 不可能完全相等，桥路的输出也不一定为零，因此要设置调零电路，如图 1-1-28 所示。

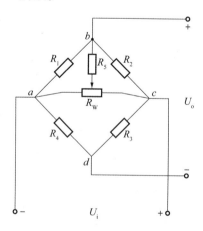

图 1-1-28　调零电路

> **Tips**
> 在调零电路中，R_W 滑动电阻的作用是调节电桥平衡。

2. 差动放大器

差动放大器具有双端输入单端输出，共模抑制比较高的特点，因此，差动放大器通常作为传感放大器或测量仪器的前置放大器。图 1-1-29 所示为常用的差动放大电路，若 $R_1 = R_2$，$R_3 = R_5$，$R_4 = R_6$，差动输入是 u_1 与 u_2，则差动放大器输出电压 u_o 为：

$$u_o = -\left(1 + \frac{2R_1}{R_W}\right) \cdot \frac{R_5}{R_3} \cdot (u_1 - u_2)$$

Tips
在差动放大器电路中，调节 R_W 可以改变差动放大器的放大倍数。

3. 反相比例放大器

图 1-1-30 所示为反相比例放大电路，当输出端到反相输入端引入负反馈，信号加到反相输入端，则输出电压 u_o 为：

$$u_o = -\frac{R_f}{R_1} \cdot u_i$$

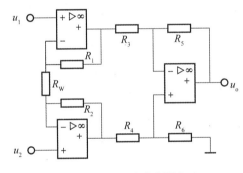

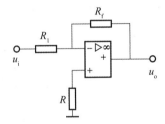

图 1-1-29　差动放大器电路　　　　　图 1-1-30　反相比例放大器电路

4. 同相比例放大器

同相比例放大器具有输入电阻很高，输出电阻很低的特点，广泛用于前置放大器，如图 1-1-31 所示。其输出电压 u_o 为：

$$u_o = \left(1 + \frac{R_f}{R_1}\right) u_i$$

若 R_1 趋近 ∞（开路），或 $R_f = 0$，则放大倍数 A_{uf} 为 1。此时同相放大器变为同相跟随器，是比较理想的阻抗变换器。

Tips
在同相比例放大器电路中，调节 R_1 可以改变同相比例放大器的放大倍数。

5. 电荷放大器

电荷放大器是一种输出电压与输入电荷量成正比的宽带电荷放大器，可配接压电式传感器测量振动、冲击、压力等机械量，如图 1-1-32 所示。其输出电压 u_o 为：

$$u_o = -\frac{Q}{C_f}$$

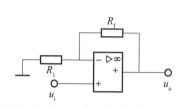

图 1-1-31　同相比例放大器电路

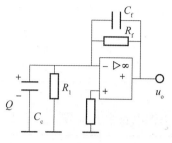

图 1-1-32　电荷放大器电路

（二）THSRZ 传感器实验系统上位机软件使用方法

1. 系统概述

THSRZ-1 传感器实验系统软件是配合传感器实验装置开发的上位机软件。该软件通过一块 USB 数据采集卡将传感器实验台上的模拟信号采集到上位机进行显示分析。上位机实现了部分数字示波器的功能，对采集的信号进行显示、测量、放大、缩小、波形保存、数据分析等。

2. THSRZ 传感器实验系统软件的主要界面

图 1-1-33 为 THSRZ 传感器实验系统软件的主要界面，其工作区域主要包括菜单栏和工具栏两大部分。

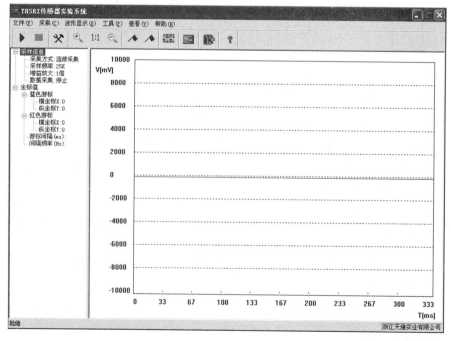

图 1-1-33　软件的主要界面

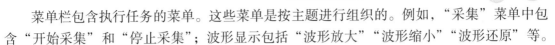

菜单栏包含执行任务的菜单。这些菜单是按主题进行组织的。例如，"采集"菜单中包含"开始采集"和"停止采集"；波形显示包括"波形放大""波形缩小""波形还原"等。

工具栏提供了该系统的所有功能：开始采集、停止采集、采样条件设置、波形放大、波形缩小、波形还原、游标选择、实验数据分析、计算器、系统退出。

3. 工具栏的操作

工具栏主要包括采样条件设置、波形的采集、波形的测量、波形的缩放、实验数据分析和波形的保存等的操作。

（1）采样条件设置：点选工具栏的 ✖ 选项，将弹出如图 1-1-34 所示对话框，通过这个对话框，可选择采样的方式和采集卡的增益放大倍数。

（2）波形的采集：在设置好采样条件后，点击 ▶ 按钮采集波形，点击 ■ 按钮将停止采集，这时主窗体的右边区域将显示采集到的波形。

（3）波形的测量：分别点击 ▲、▲ 按钮，然后到右边的波形区进行定位，这时游标所在的位置及波形的幅值将在左边的区域对应显示测量电压的电压值及两游标之间的间隔和频率。

（4）波形的缩放：🔍、1:1、🔍 这 3 个按钮分别对应着波形的放大、还原操作、缩小。操作方法：点击一个按钮后把鼠标移动到右边波形显示区域，左键单击执行相应的操作。注意：在对波形放大的过程中不能过度放大。

（5）实验数据分析：点击 ▦ 将弹出如图 1-1-35 所示的对话框，在对话框中添加要分析的一组数据，然后点击"确定"，将弹出如图 1-1-36 所示界面，对数据进行曲线拟合或线性回归分析。

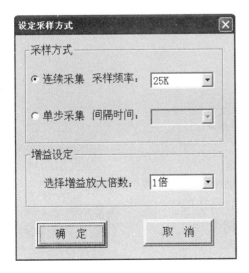

图 1-1-34 采样条件设置对话框

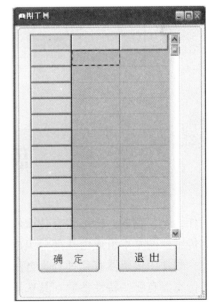

图 1-1-35 实验数据分析对话框

（6）波形的保存：在右边的波形显示区域点击鼠标右键，选择"波形保存"将把显示的波形保存为 BMP 格式的位图，如图 1-1-37 所示。

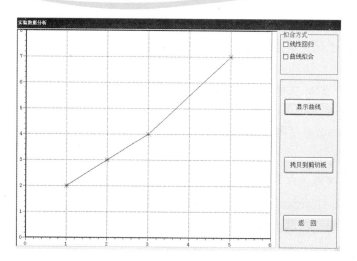

图1-1-36　数据分析界面

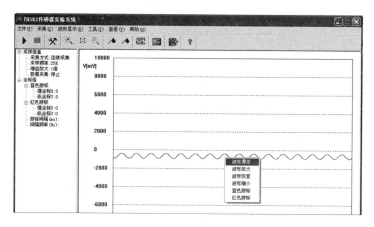

图1-1-37　波形的保存

思考与练习

1. 什么是传感器？传感器有什么作用？日常生活中，我们会接触到哪些传感器？

2. 传感器的基本组成由几部分组成？各部分有什么作用？

3. 一般常用传感器有几种分类方法？试分别举例说明。

4. 传感器有哪些特性参数？其选用原则是什么？

5. 什么是传感器的非线性误差？它是如何确定的？

6. 现代传感技术有哪几方面的发展趋势？

7. 传感检测常用的测量电路有哪些，它们的作用是什么？

8. 电桥电路按照电阻值变化的不同可以分为哪几类？并画出相应的电桥电路。

项目二
参量传感器的使用

　　本项目主要介绍常用的参量传感器。通过学习，可以知道各种常用的电阻式传感器、电容式传感器、电感式传感器的基本结构、工作过程及应用特点，并能根据工程要求正确安装和使用。

【学习目标】

能力目标

　　（1）会正确操作传感器与检测技术综合实验台。

　　（2）能够按照电路要求对应变传感器模块、温度传感器模块、压力式传感器模块、电容式传感器模块、差动变压器模块、电涡流式传感器模块进行正确接线，并且会使用万用表检测电路。

　　（3）会利用系统软件或示波器进行波形观察。

　　（4）会对实验数据进行分析。

　　（5）按操作规程进行操作。

　　（6）完成报告。

知识目标

　　（1）电阻应变式传感器，热电阻传感器，压阻式传感器，气敏、湿敏电阻传感器，电容式传感器，电感式传感器的工作原理及其特点。

　　（2）电阻应变式传感器、热电阻传感器、压阻式传感器、电容式传感器、电感式传感器的测量电路。

　　（3）电阻式传感器、电容式传感器、电感式传感器的分类及其应用。

电阻式传感器具有结构简单、输出精度高、线性度和稳定性好等优点，但它受环境条件（如温度）影响较大，且有分辨力不高等缺点。

电阻式传感器的基本原理：将被测量的变化转换成传感器元件电阻值的变化，再经过转换电路变成电信号输出。电阻式传感器常用来测量力、压力、位移、应变、加速度等，是目前使用最广泛的传感器之一。

电阻式传感器中的传感元件有应变片、半导体膜片、电位器等。由它们分别制成了应变式传感器、压阻式传感器、电位器式传感器等。常见的电阻式传感器如图2-1-1所示。

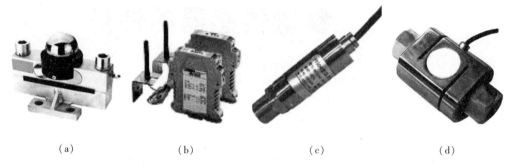

（a）　　　　　　　　（b）　　　　　　　　（c）　　　　　　　　（d）

图2-1-1　常见的电阻式传感器

（a）桥式荷重传感器；（b）扭矩传感器；（c）应变式压力传感器；（d）应变式拉压传感器

由于各种电阻材料在受到被测量作用时转换成电阻参数变化的机理各不相同，因此电阻式传感器有很多分类。本课程中主要介绍常用的电阻应变式传感器，热电阻传感器，压阻式传感器，气敏、湿敏传感器的相关知识和技能操作。

任务一　使用电阻应变式传感器

本任务中主要学习电阻应变式传感器的工作原理、特点、分类及应用，认识实验台中电阻应变式传感器的外观和结构，会用电阻应变式传感器进行力的测量。

活动1　电阻应变式传感器概述

（一）电阻应变式传感器的基本原理

导体或半导体材料在外界力的作用下，会产生机械形变，其电阻值也将随着发生变化，这种现象称为应变效应。电阻应变式传感器就是利用金属电阻的应变效应将被测量转换为电量输出的一种传感器。

这里仅以金属应变片为例，介绍应变片的应变效应。设有一长度为 L，截面积为 A、半径为 r、电阻率为 ρ 的金属丝，则初始电阻 R 可表示为：

$$R = \rho \frac{L}{A} = \rho \frac{L}{\pi r^2}$$

如图 2-1-2 所示。

当沿金属丝的长度方向作用均匀的力，上式中 ρ、r、L 都将发生变化，从而导致电阻 R 发生变化。实验证明，电阻应变片的电阻应变 $\varepsilon_R = \Delta R / R$，而金属丝的应变大小与金属丝所受的外力存在特定的

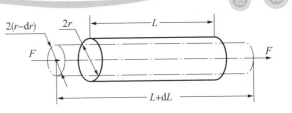

图 2-1-2　导体受拉伸后的参数变化

数学关系，所以电阻变化率 $\dfrac{\Delta R}{R}$ 与金属丝所受的外力也存在一定的数学关系，可以通过测量电阻的变化就能间接测量出外力的大小。这就是电阻应变式力测量传感器的基本原理。

金属丝受外力作用伸长时，电阻值如何变化？缩短时，电阻值又如何变化？

（二）电阻应变式传感器的结构

电阻应变式传感器主要由电阻应变片、弹性敏感元件及测量转换电路等组成。当被测物理量作用在弹性元件上时，弹性元件的变形引起应变敏感元件的阻值变化，通过转换电路转变成电量输出，电量变化的大小反映了被测物理量的大小。

1. 应变片

电阻应变片是一种能将被测试件上的应变转换成电阻变化的敏感元件，它是应变式传感器的主要组成部分。应变片根据所使用的材料不同，可分为金属应变片和半导体应变片两大类。金属应变片可分为金属丝式应变片、金属箔式应变片、金属薄膜应变片。半导体应变片又可分为两类，一类是将半导体应变片粘贴在弹性元件上制成的传感器，称为粘贴型半导体应变片；另一类是在半导体基片上用集成电路工艺制成的扩散型半导体应变片，应变片与硅衬底形成一个整体的传感器。

在所有这些应变片中，最常用的是金属丝式应变片和金属箔式应变片。

1）金属丝式应变片

金属丝式应变片电阻值为 60 Ω、120 Ω、200 Ω 等多种规格，以 120 Ω 最为常用。它由敏感栅、基底、盖片、引线和黏结剂等组成，如图 2-1-3 所示。

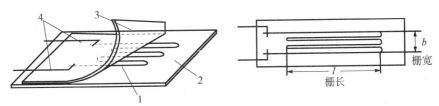

图 2-1-3　电阻应变片结构示意图

1—敏感栅；2—基底；3—盖片；4—引线

图 2-1-3 中敏感栅是由金属细丝绕成栅形的，栅长 l 的大小关系到所测应变的准确度。应变片测得的应变大小是应变片栅长和栅宽 b 所在面积内的平均轴向应变量。

图 2-1-3 中基底用于保持敏感栅、引线的几何形状和相对位置，盖片既保持敏感栅和引线的形状和相对位置，又可保护敏感栅。

图 2-1-3 中引线是从应变片的敏感栅中引出的细金属线。对引线材料的性能要求为：电阻率低、电阻温度系数小、抗氧化性能好、易于焊接。大多数敏感栅材料都可制作引线。

金属丝式应变片中的黏结剂用于将敏感栅固定在基底上，并将盖片与基底粘贴在一起。使用金属应变片时，也需用黏结剂将应变片基底粘贴在构件表面某个方向和位置上，以便将构件受力后的表面应变传递给应变计的基底和敏感栅。

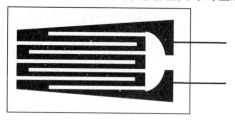

图 2-1-4　金属箔式应变片

2）金属箔式应变片

金属箔式应变片的工作原理基本和电阻丝式应变片相同。它的电阻敏感元件不是金属丝栅，而是通过光刻、腐蚀等工序制成的薄金属箔栅，故又称箔式电阻应变片，如图 2-1-4 所示。

金属箔式应变片和金属丝式应变片相比较，有以下特点：

（1）金属箔栅很薄，因而它所感受的应力状态与试件表面的应力状态更为接近；

（2）当箔材和丝材具有同样的截面积时，箔材与黏接层的接触面积比丝材大，使它能更好地和试件共同工作；

（3）箔栅的端部较宽，横向效应较小，因而提高了应变测量的精度；

（4）箔材表面积大，散热条件好，故允许通过较大电流，因而可以输出较大信号，提高了测量灵敏度；

（5）箔栅的尺寸准确、均匀，且能制成任意形状，特别是为制造应变片和小标距应变片提供了条件，从而扩大了应变片的使用范围；

（6）便于成批生产；

（7）金属箔式应变片的价格较贵，电阻值分散性大，故需要做阻值调整，且生产工序较为复杂，引出线的焊点采用锡焊，因此不适于高温环境下测量。

2. 弹性敏感元件

弹性敏感元件能够直接感受力的变化，并将其转化为弹性元件本身的应变或位移。弹性敏感元件形式上可分为变换力的弹性敏感元件和变换压力的弹性敏感元件。变换力的弹性敏感元件通常有等截面轴、环状弹性敏感元件、悬臂梁、扭转轴等。

1）等截面轴

等截面轴又称为柱式弹性敏感元件，可以是实心柱体或空心圆柱体，如图 2-1-5 所示。在等截面轴上共有 4 个应变片，当弹性敏感元件受力时，R_1、R_4 和 R_2、R_3 形变方向相反，提高了弹性元件的灵敏度。

2）环状弹性敏感元件

环状弹性敏感元件多做成等截面圆环，如图 2-1-6 所示。圆环有较高的灵敏度，因而多用于测量较小的力。

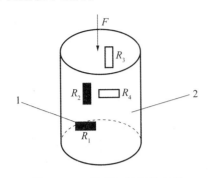

图 2-1-5　等截面轴弹性元件

1—应变片（4 个）；2—弹性元件

图 2-1-6　环状弹性敏感元件

3）悬臂梁

　　悬臂梁是一端固定、另一端自由的弹性敏感元件。按截面形状又可分为等截面矩形悬臂梁和变截面等强度悬臂梁，如图 2-1-7 所示。悬臂梁的特点是结构简单、易于加工，输出位移（或应变）大，灵敏度高，常用于较小力的测量。常见的悬臂梁如图 2-1-8 所示。

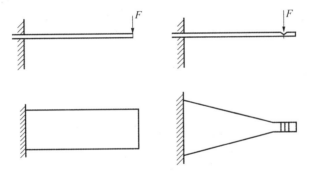

图 2-1-7　悬臂梁式弹性敏感元件

图 2-1-8　常见的悬臂梁

4）扭转轴

　　如图 2-1-9 所示。当自由端受到转矩的作用时，扭转轴的表面会产生拉伸或压缩应变。扭转轴式弹性敏感元件常用于测量力矩。

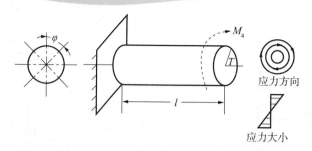

图 2-1-9　扭转轴式弹性敏感元件

3. 测量转换电路

电阻应变片将机械应变信号转换成 $\dfrac{\Delta R}{R}$ 后，由于应变电阻变化一般都很小，既难以直接精确测量，且不便于直接处理。因此，必须采用转换电路或仪器，把应变片的输出转化为电压或电流变化，常用测量电桥完成。目前使用较多的是直流电桥电路，其信号不会受各元件和导线的分布电感及电容的影响，抗干扰能力强。直流电桥电路如图 2-1-10 所示。

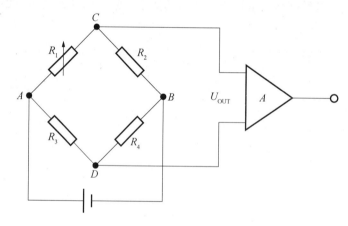

图 2-1-10　直流电桥电路

为了提高电桥的灵敏度和线性度，常使用双桥、全桥电路。双桥电桥中，两个工作应变片一个受拉应变，一个受压应变，接入电桥相邻桥臂，构成双桥差动电路，如图 2-1-11（a）所示。全桥中电桥四臂接入四片应变片，两个受拉应变，两个受压应变，符号相同的接入相对桥臂，构成全桥差动电路，如图 2-1-11（b）所示。

（三）电阻应变式传感器的特点

电阻应变式传感器结构简单、尺寸小、质量轻、使用方便、性能稳定可靠、分辨率高、灵敏度高、价格又便宜、工艺较成熟，因此在航空航天、机械、化工、建筑、医学、汽车工业等领域有很广的应用。

（四）电阻应变式传感器的应用

根据电阻应变原理制成的传感器可以用来测量诸如力、加速度、压力等参数。

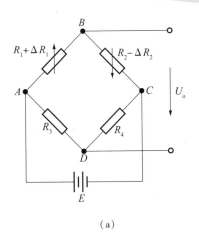

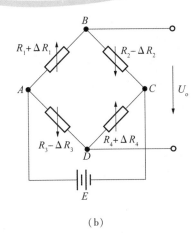

（a） （b）

图 2-1-11　差动电桥电路

（a）双桥差动电路；（b）全桥差动电路

1. 电阻应变式力传感器

图 2-1-12 是电阻应变式力传感器应用示意图，图中只画出传感器的弹性元件和粘贴在弹性元件上的应变片，以表明传感器的工作原理。

弹性元件把被测力的变化转变为应变量的变化，粘贴在上面的应变片也感受到同样大小的应变，因而应变片把应变量的变化转换成电阻的变化。只要把所贴的应变片两引出线接入电桥电路中，则电桥的输出变化就正比于被测力的变化。

2. 电阻应变式加速度传感器

图 2-1-13 是应变式加速度传感器的原理图。传感器由质量块、悬臂梁和底座组成。应变片贴在悬臂梁根部的两侧。如将底座固定在被测物体上，物体以加速度 a 运动时，质量块受到与加速度方向相反的惯性力 $F=ma$。该力致使悬臂梁发生变形，从而引起应变片的应变和电阻变化。

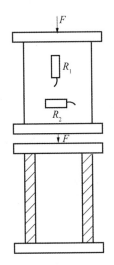

图 2-1-12　电阻应变式力传感器应用示意图

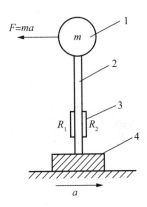

图 2-1-13　应变式加速度传感器原理图

1—质量块；2—悬臂梁；3—应变片；4—底座

3. 电阻应变式压力传感器

电阻应变式压力传感器的弹性敏感元件为一端封闭，另一端带有法兰与被测系统连接的薄壁圆筒。在筒壁上贴有 4 片应变片（$R_1 \sim R_4$），其中一半贴在实心部分作为温度补偿片，另一半作为测量应变片。当没有压力时 4 片应变片组成平衡的全桥式电路；当压力作用于内腔时，圆筒变形成"腰鼓形"，使电桥失去平衡，输出与压力成一定关系的电压。这种传感器还可以通过垂链形状的膜片传递被测压力或利用活塞将被测压力转换为力再传递到应变筒上。应变管式压力传感器如图 2-1-14 所示，其结构简单、制造方便、适用性强，在火箭弹、炮弹和火炮的动态压力测量方面有广泛的应用。

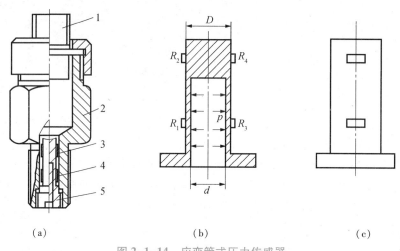

图 2-1-14　应变管式压力传感器

（a）结构示意；（b）筒式弹性元件；（c）应变计布片

1—插座；2—基体；3—温度补偿应变计；4—工作应变计；5—应变筒

4. 电阻应变式位移传感器

应变式位移传感器是把被测位移量转变成弹性元件的变形和应变，然后通过应变计和应变电桥，输出正比于被测位移的电量。如图 2-1-15 所示为国产 YW 型应变式位移传感器。它可用来近测或远测静态与动态的位移量。因此，既要求弹性元件刚度小，对被测对象的影响反力小，又要求系统的固有频率高，动态频响特性好。

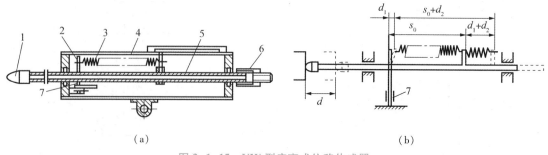

图 2-1-15　YW 型应变式位移传感器

（a）传感器结构；（b）工作原理

1—测量头；2—弹性元件；3—弹簧；4—外壳；5—测量杆；6—调整螺母；7—应变计

除上述应用外，电阻应变式传感器还可用于振动、扭矩等的测量。

5. 电阻式触摸屏

电阻式触摸屏的工作原理主要是通过压力感应原理来实现对屏幕内容的操作和控制的。如图 2-1-16 为电阻式触摸屏结构图。这种触摸屏屏体部分是一块与显示器表面非常配合的多层复合薄膜，其中第一层为玻璃或有机玻璃底层，第二层为隔层，第三层为多元树脂表层，薄膜和玻璃相邻的一面上均涂有 ITO（纳米铟锡金属氧化物）涂层，ITO 具有很好的导电性和透明性，上面再盖有一层外表面经硬化处理、光滑防刮的塑料层。

当有压力触摸屏幕时，薄膜下层的 ITO 会接触到玻璃上层的 ITO，平常相互绝缘的两层导电层就在触摸点位置有了一个接触，因其中一面导电层接通了一个均匀电压，这样的接触使得侦测层的电压由零变为非零，控制器侦测到这个接通后，控制器同时从四个角读出相称的电流，从而计算出施加压力点的位置，这就是所有电阻式触摸屏共同的最基本原理。

电阻式触摸屏的优点是它的屏和控制系统都比较便宜，反应灵敏度很好，精度也较高，屏幕不受灰尘、水汽和油污的影响，可以在较低或较高温度的环境下使用，还可以用任何物体来触摸，稳定性能较好。其缺点是电阻式触控屏较易因为划伤等导致屏幕触控部分受损。此外电阻式触控屏能够设计成多点触控，但当两点同时受压时，屏幕的压力变得不平衡，容易导致触控出现误差，因而电阻式触摸屏多点触控较难实现。

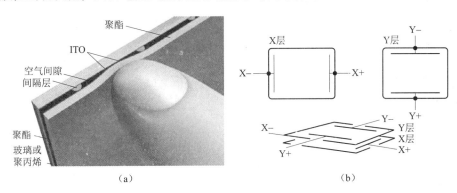

图 2-1-16　电阻式触摸屏结构图

（a）结构示意图；（b）四线式电阻式触摸屏原理

活动 2　任务实施

（一）金属箔式应变片单臂电桥性能测试

1. 认识电阻应变式传感器及其配套的测量模块

本任务中用到的电阻应变式传感器已固定在实验模块中，如图 2-1-17、图 2-1-18 所示。

除了应变传感器实验模块外，本任务的实施还要用到托盘、砝码、数显表、直流稳压电源及万用表。

2. 电阻应变式传感器测量力的工作原理

应变式传感器主要是通过一定的机械装置将被测量转化成弹性元件的形变，在本实验中，就是将砝码的质量转化为悬臂梁的形变，然后由电阻应变片将形变转化成电阻的变化，再通过测量转换电路转化为电压的变化。如图 2-1-17 所示，4 个金属箔式应变片分别贴在弹性敏感元件的上下两侧，当托盘上放置砝码后，弹性敏感元件受到压力发生形变，应变片随弹性敏感元件而被拉伸或被压缩，通过这些应变片转换被测部位受力状态为电阻值的变化，再通过电桥作用完成电阻到电压的变化。

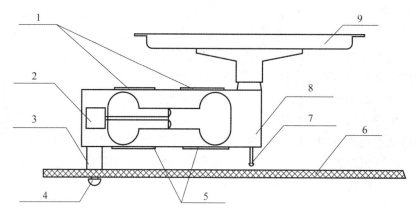

图 2-1-17　电阻应变式传感器

1，5—应变片；2—引出线；3—固定垫圈；4—固定螺丝；6—模板；7—限程螺丝；8—弹性体；9—托盘

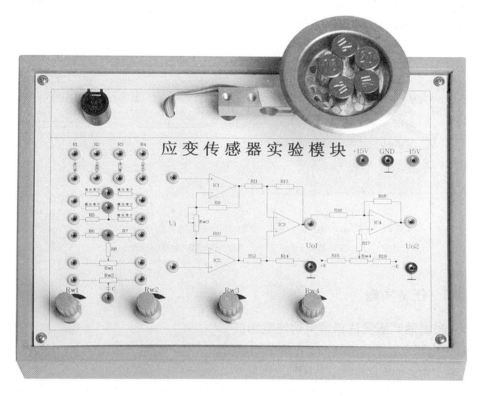

图 2-1-18　应变传感器实验模块

3. 实验电路分析

本实验模块中的实验电路如图 2-1-19 所示。

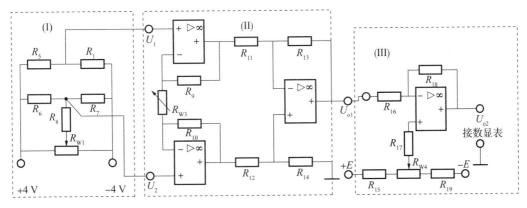

图 2-1-19　实验电路

问题 1：分析图 2-1-19，图中的基本测量电路有＿＿＿＿＿、＿＿＿＿＿、＿＿＿＿＿。

问题 2：方框（Ⅰ）所示电路中，R_8、R_{W1}的作用是＿＿＿＿＿。

　　　　A. 限流　　　　　　　B. 调节电桥平衡

问题 3：方框（Ⅱ）所示电路中，R_{W3}作用是＿＿＿＿＿。

　　　　A. 限流　　　　　　B. 调零　　　　　　C. 调节增益

问题 4：方框（Ⅲ）所示电路中，R_{W4}作用是＿＿＿＿＿。

　　　　A. 限流　　　　　　B. 调零　　　　　　C. 调节增益

4. 任务实施步骤

（1）图 2-1-20 应变式传感器上的各应变片已分别接到应变传感器模块左上方的 R_1、R_2、R_3、R_4 上，用万用表测量判断，是否 $R_1 = R_2 = R_3 = R_4 = 350\ \Omega$。

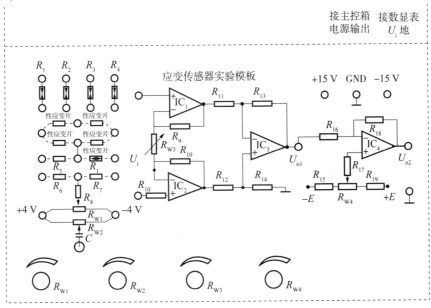

图 2-1-20　应变传感器实验模块

（2）从主控台接入 ±15 V 电源，检查无误后，合上主控台电源开关，将差动放大器的输

33

传感与检测技术（第3版）

入端 U_i 短接。

问题 1：若 U_i 短接，则 U_i 应为_____，U_{o1} 应为_____，U_{o2} 应为_____。

（3）输出端接数显电压表（选择 2 V 挡），调节_____（R_{W1} \ R_{W2} \ R_{W3} \ R_{W4}）使电压表显示为 0。关闭主控台电源。

（4）将应变式传感器其中一个电阻 R_1 接入电桥与 R_5、R_6、R_7 构成一个单臂直流电桥。

（5）接好电桥调零电位器 R_{W1}，直流电源 ±4 V（从主控台接入），电桥输出接到差动放大器的输入端 U_i。

问题 1：判断图 2-1-21 接线是否正确。

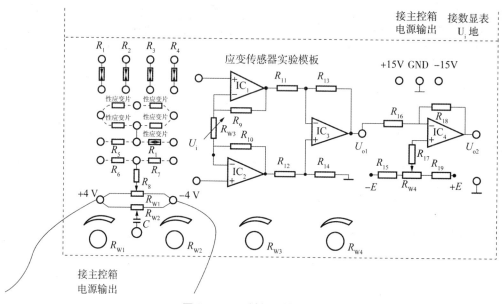

图 2-1-21　判断图的正误

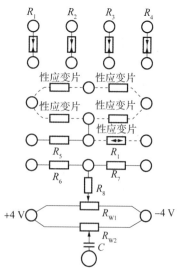

图 2-1-22　正确接线

问题 2：请在图 2-1-22 中画出正确接线。

（6）检查接线无误后，合上主控台电源开关。此时托盘上质量为 0，电桥应（平衡/不平衡），则 U_i 应为_____，调节_____（R_{W1} \ R_{W2} \ R_{W3} \ R_{W4}）使电压表显示_____。

（7）在应变传感器托盘上放置一只砝码。

问题 1：放上砝码后，电桥_____（平衡/不平衡），U_i_____ =（0/非 0），U_{o2}_____（0/非 0）。

（8）调节_____（R_{W1} \ R_{W2} \ R_{W3} \ R_{W4}）使电压表示数为 2 mV，（注意：电压表选 200 mV 挡）。

（9）保持电位器不变，依次增加砝码和读取相应的数显表值，直到 200 g（10 个）砝码加完，记下实验结果，填入表 2-1-1 中，关闭电源。

表 2-1-1 实验数据

质量/g										
电压/mV										

讨论：试讨论质量 m 与输出电压值 U 之间的关系特性。

5. 数据处理

（1）根据测量数据，在图 2-1-23 中绘出 U-m 曲线。

问题 1：若根据实验测量数据绘制曲线如图 2-1-24 所示，试分析在数据测量过程中，可能导致此结果的操作是_____。

A. 调节了 R_{W1} B. 调节了 R_{W2} C. 调节了 R_{W3} D. 调节了 R_{W4}

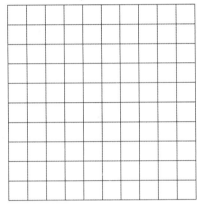

图 2-1-23 绘制 U-m 曲线

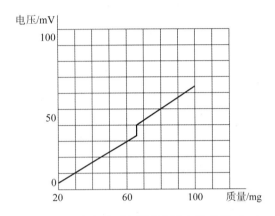

图 2-1-24 根据实验测量数据绘制的曲线（一）

（2）计算试验中应变式传感器的灵敏度 $S_n = \Delta U / \Delta m$，$E = \Delta_{max} / y_{FS} \times 100\%$。

注：ΔU 为电压变化量，Δm 为砝码质量变化量。Δ_{max} 为输出电压（多次测量时的平均值）与拟合直线的最大偏差，y_{FS} 为满量程输出，此处为 200 g。

问题 2：若根据实验测量数据绘制曲线如图 2-1-25 所示，试分析其灵敏度。

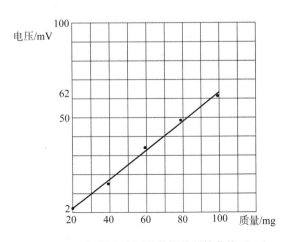

图 2-1-25 根据实验测量数据绘制的曲线（二）

6. 小结

7. 清理工作台面

按规范要求清理工作现场、整理工具。

（二）金属箔式应变片半桥性能测试

1. 实验设备

本任务中的实验设备同"金属箔式应变片单臂电桥性能测试"。

2. 电阻应变式传感器半桥差动电路实验原理

不同受力方向的两只应变片接入电桥作为邻边，如图 2-1-26。电桥输出灵敏度提高，非线性得到改善，当两只应变片的阻值相同、应变数也相同时，半桥输出与应变片阻值变化率呈线性关系。

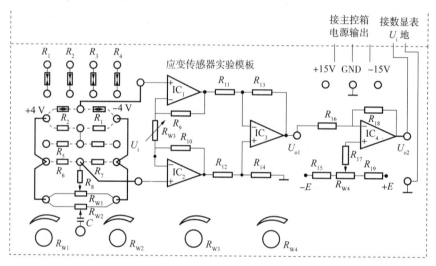

图 2-1-26　半桥电路连接

3. 任务实施步骤

（1）应变传感器已安装在应变传感器实验模块上，可参考"金属箔式应变片单臂电桥性能测试"。

（2）从主控台接入 ±15 V 电源，检查无误后，合上主控台电源开关，将差动放大器的输入端 U_i 短接。

问题 1：U_i 短接_____，则 U_i 应为_____，U_{o1} 应为_____，U_{o2} 应为_____。

（3）输出端接数显电压表（选择 2 V 挡），调节_____（$R_{W1} \backslash R_{W2} \backslash R_{W3} \backslash R_{W4}$）使电压表显示为 0。关闭主控台电源。

（4）将应变式传感器中受力相反（一片受拉，一片受压）的两只应变片接入电桥的邻边，与电阻 R_6、R_7 构成一个半桥。

（5）接好电桥调零电位器 R_{W1}，直流电源 ±4 V（从主控台接入），电桥输出接到差动放大器的输入端 U_i。

（6）检查接线无误后，合上主控台电源开关。此时托盘上质量为 0，电桥应_____（平衡/不平衡），则 U_i 应为_____，调节_____（$R_{W1} \backslash R_{W2} \backslash R_{W3} \backslash R_{W4}$）使电压表显示_____。

问题2：请在图2-1-27中正确接线。

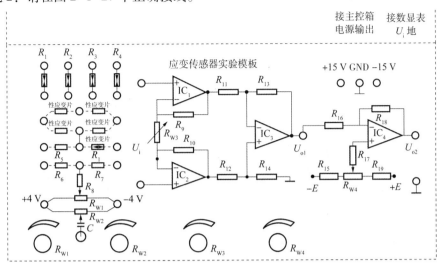

图2-1-27 正确接线

（7）在应变传感器托盘上放置一只砝码。

问题3：放上砝码后，电桥_____（平衡/不平衡），$U_i =$ _____（0/非0），U_{o2} _____（0/非0）。

（8）调节_____（R_{W1} \ R_{W2} \ R_{W3} \ R_{W4}）使电压表示数为2 mV，（注意：电压表选200 mV挡）。

（9）保持电位器不变，依次增加砝码和读取相应的数显表值，直到200 g（10个）砝码加完，记下实验结果，填入表2-1-2中，关闭电源。

表2-1-2 实验数据

质量/g										
电压/mV										

讨论：试讨论质量 m 与输出电压值 U 之间的关系特性。

4. 数据处理

（1）根据测量数据，在图2-1-28中绘出 $U\text{-}m$ 曲线。

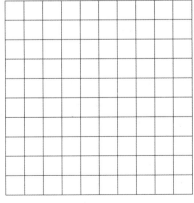

图2-1-28 绘制 $U\text{-}m$ 曲线

（2）计算试验中应变式传感器的灵敏度 $S_n = \Delta U / \Delta m$，$E = \Delta_{max} / y_{FS} \times 100\%$。

（3）比较单臂电桥、半桥测量电路的灵敏度和非线性度，得出相应的结论。

5. 小结

6. 清理工作台面

按规范要求清理工作现场、整理工具。

（三）金属箔式应变片全桥性能测试

1. 实验设备

本实验中的设备同"金属箔式应变片单臂电桥性能测试"。

2. 电阻应变式传感器全桥差动电路实验原理

全桥测量电路中，将受力性质相同的两只应变片接到电桥的对边，不同的接入邻边，当应变片初始值相等，变化量也相等时，全桥输出灵敏度比半桥又提高了一倍，非线性误差得到进一步改善。

3. 任务实施步骤

（1）应变传感器已安装在应变传感器实验模块上，可参考"金属箔式应变片单臂电桥性能测试"。

（2）从主控台接入±15 V电源，检查无误后，合上主控台电源开关，将差动放大器的输入端 U_i 短接，输出端接数显电压表（选择2 V挡），调节电位器_____使电压表显示为0。关闭主控台电源。

（3）将应变式传感器中受力相反（一片受拉，一片受压）的两只应变片接入电桥的邻边，电阻 R_1、R_2、R_3、R_4 构成一个全桥。接好电桥调零电位器 R_{W1}，直流电源±4 V（从主控台接入），电桥输出接到差动放大器的输入端 U_i。

问题1：请在图2-1-29中正确接线。

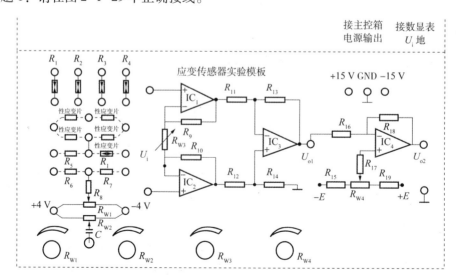

图2-1-29　正确接线

（4）检查接线无误后，合上主控台电源开关。此时托盘上质量为0，调节_____使电压表显示为0。

（5）在应变传感器托盘上放置一只砝码。

问题3：放上砝码后，电桥_____（平衡/不平衡），$U_i =$ _____（0/非0），U_{o2} _____（0/非0）。

（6）调节_____使电压表示数为2 mV，（注意：电压表选200 mV挡）。

（7）保持电位器不变，依次增加砝码和读取相应的数显表值，直到200 g（10个）砝码加完，记下实验结果，填入表2-1-3中，关闭电源。

表 2-1-3　实验数据

质量/g										
电压/mV										

讨论：试讨论质量 m 与输出电压值 U 之间的关系特性。

4. 数据处理

（1）根据测量数据，在图2-1-30中绘出 $U\text{-}m$ 曲线。

（2）计算试验中应变式传感器的灵敏度 $S_n = \Delta U / \Delta m$，$E = \Delta_{max} / y_{FS} \times 100\%$。

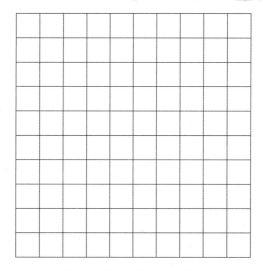

图 2-1-30　绘制 $U\text{-}m$ 曲线

（3）比较单臂电桥、半桥、全桥测量电路的灵敏度和非线性度，得出相应的结论。

5. 小结

6. 清理工作台面

按规范要求清理工作现场、整理工具。

（四）制作电子秤

1. 实验设备

本实验中的设备同"金属箔式应变片单臂电桥性能测试"。

2. 电阻应变式传感器制作电子秤实验原理

电子秤实验原理与全桥测量原理相同，通过调节放大电路对电桥输出的放大倍数使电路输出电压值为质量的对应值，电压量纲（V）改为质量量纲（g）即成一台比较原始的电子秤。

3. 任务实施步骤

（1）按"金属箔式应变片全桥性能测试"步骤（1）、（2）、（3）接好线并将电路调零。

（2）将10只砝码全部置于传感器的托盘上，此时质量为_____g，则直流电压表显示示数应为_____。

问题1：若直流电压表显示不为0，应调节_____。

A. R_{W1}　　　　　　　　　　　　　　B. R_{W2}

C. R_{W3}　　　　　　　　　　　　　　D. R_{W4}

（3）拿去托盘上所有砝码，调节使数显电压表显示为0.00 V。

问题2：若质量为0，则数显电压表显示应为_____V。

问题3：若质量为0时，数显表没能达到应有的显示电压，应调节_____。

A. R_{W1}　　　　　　　　　　　　　　B. R_{W2}

C. R_{W3}　　　　　　　　　　　　　　D. R_{W4}

（4）重复（2）、（3）步骤的定标过程，直到精确为止，把电压量纲改为质量量纲即可以称重。

（5）将砝码依次放到托盘上并读取相应的数显表值，直到200 g砝码加完，记下实验结果，填入表2-1-4中，关闭电源。

表 2-1-4　实验数据

质量/g										
电压/mV										

讨论：试讨论质量 m 与输出电压值 U 之间的关系特性。

4. 数据处理

（1）根据测量数据，在图2-1-31中绘出 U-m 曲线。

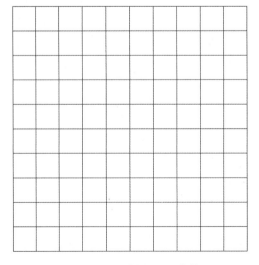

图 2-1-31　绘制 U-m 曲线

（2）根据记入表2-1-4的实验数据，计算灵敏度 S_n，非线性误差 E。

5. 小结

6. 清理工作台面

按规范要求清理工作现场、整理工具。

任务二 使用热电阻传感器

热电式传感器是一种将温度变化转换为电量变化的装置。在各种热电式传感器中，把温度量转换为电势和电阻的方法最为普遍。其中将温度转换为电势的热电式传感器叫热电偶，将温度转换为电阻值的热电式传感器叫热电阻。

热电式传感器目前在工业生产中得到了广泛的应用，并且可以选用定型的显示仪表和记录仪来进行显示和记录。常见的热电式传感器如图2-2-1所示。

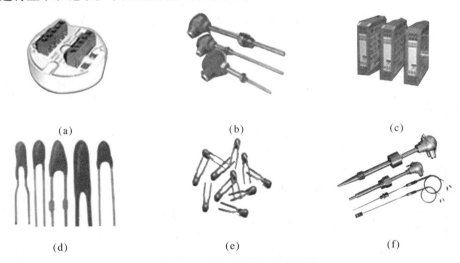

图 2-2-1　常见的热电式传感器

（a）一体化双只温度变送器；（b）单路温度变送模块；（c）一体化温度变送器；

（d）热敏电阻；（e）热敏电阻；（f）供应电站专用热电偶

本任务主要学习热电阻传感器的工作原理、特点、分类及应用，认识实验台中热电阻传感器的外观和结构，会用热电阻传感器进行温度的测量。

活动1　热电阻传感器概述

（一）热电阻传感器的基本原理

物质的电阻率随着温度变化而变化的现象称为热电阻效应。当温度变化时，导体或半导体的电阻值随着温度变化，对金属材料而言，温度上升时，金属的电阻值将增大。这样，在一定温度范围内，可以通过测量电阻值变化而得知温度的变化。根据热电阻效应制成的传感器叫热电阻传感器。图2-2-2为常用的热电阻传感器的外形。

图 2-2-2　常用的热电阻传感器的外形

（二）热电阻传感器的分类

热电阻传感器按电阻温度特性的不同可分为金属热电阻和半导体热电阻两大类。一般把金属热电阻称为热电阻，而把半导体热电阻称为热敏电阻。

1. 热电阻

热电阻测温是基于金属导体的电阻值随温度的增加而增加这一特性来进行温度测量的。热电阻大都由纯金属材料制成，目前应用最多的是铂和铜。此外，现在已开始采用铟、镍、锰和铑等材料制造热电阻。

铂热电阻是一种国际公认的成熟产品，它性能稳定、重复性好、精度高，所以在工业用温度传感器中得到了广泛应用。它的测温范围一般为-200 ℃～650 ℃，铂热电阻的阻值与温度之间的关系近似线性。

由于铂是贵重金属，因此，在一些测量精度要求不高且温度较低的场合，普遍采用铜热电阻进行温度的测量，它的测量范围一般为-50 ℃～150 ℃。铜热电阻的工艺性好，价格便宜，但它易氧化，不适于在腐蚀性介质或高温下工作。

目前国内统一设计的工业用铂电阻的 R_0 值有 10 Ω、100 Ω 两种，分度号分别用 PT10、PT100 表示。铜电阻 R_0 值有 50 Ω、100 Ω 两种，分度号分别用 Cu50、Cu100 表示。实际使用时，可根据分度号查相应的分度表以获得 R_t 与 t 的关系。

普通工业用热电阻式温度传感器的结构如图2-2-3所示。它由热电阻、连接热电阻的内部导线、保护线、绝缘管、接线座等组成。

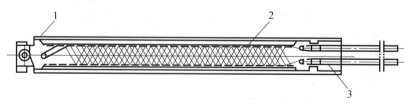

图 2-2-3　铂电阻结构

1—铆钉；2—铂电阻丝；3—银质引脚

2. 热敏电阻

热敏电阻是利用某种半导体材料的电阻率随温度变化而变化的性质制成的。热敏电阻的种类很多，分类方法也不相同。根据热敏电阻的阻值与温度关系这一重要特性，可将其分为正温度系数热敏电阻器（PTC）、负温度系数热敏电阻器（NTC）和临界温度系数热敏电阻器（CTR）3类。图2-2-4所示为3类热敏电阻的温度特性曲线。

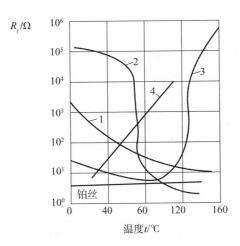

图 2-2-4　热敏电阻的电阻-温度特性曲线
1—NTC；2—CTR；3，4—PTC

PTC热敏电阻器的电阻值随温度升高而增大，其主要材料是掺杂的$BaTiO_3$半导体陶瓷；NTC热敏电阻器的电阻值随温度升高而下降，其材料主要是一些过渡金属氧化物半导体陶瓷；CTR热敏电阻器的电阻值在某特定温度范围内随温度升高而降低3~4个数量级，即具有很大负温度系数，其主要材料是VO_2并添加一些金属氧化物。

热敏电阻的结构形式和形状很多，如图2-2-5所示。

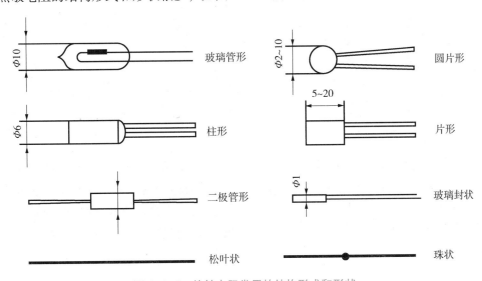

图 2-2-5　热敏电阻常用的结构形式和形状

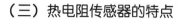
（三）热电阻传感器的特点

热电阻传感器是中、低温区最常用的一种温度检测器。它具有测量精度高，性能稳定等特点，其中铂热电阻的测量精确度是最高的，被广泛应用于工业测温，而且被制成标准的基准仪。

（四）热电阻传感器的应用

热敏电阻主要应用在检测温度及电路的温度补偿、电路保护、报警等开关元件中，也用于检测与耗散系数有关的流速、流量、真空度及自动增益电路、RC 振荡器稳幅电路中等。PTC 还常用做彩色电视机的消磁电路开关、电冰箱启动开关、空调电辅加热等。

1. 热电阻温度计

通常工业上用于测温时采用的是铂电阻和铜电阻作为敏感元件，测温电路用得较多的是电桥电路。实际应用中，热电阻安装在生产环境中，感受被测介质的温度变化，而测量电阻的电桥通常作为信号处理器或显示仪表的输入单元，随相应的仪表安装在控制室。热电阻与测量桥路之间的连接导线的阻值会受环境温度的变化造成测量误差，故工业上常采用三线制接法以克服环境温度对电阻的影响。

图 2-2-6 所示为三线制热电阻与温度采集模块连接图，图中温度采集模块 A、B 两个端子是用来接收电压信号的，一般是毫伏级电压信号。C 端是一个电流输出端子，工作时由采集模块输出一个恒定的电流信号。这样在热电阻 C、B 端会流过一个恒定的电流，当温度变化时，热电阻的阻值变化，这样，A、B 端的电压信号就随着温度的变化而线性变化，达到测温的目的。

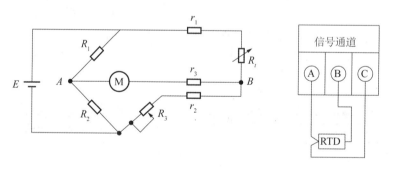

图 2-2-6　三线制热电阻与温度采集模块连接图

2. 热电阻流量计

热电阻流量计的原理图如图 2-2-7 所示。两个铂电阻探头为 R_{t1}、R_{t2}，R_{t1} 放在管道中央，它的散热情况受介质流速的影响。R_{t2} 放在温度与流体相同，但不受介质流速影响的小室中。当介质处于静止状态时，电桥处于平衡状态，流量计没有指示。当介质流动时，由于介质流动带走热量，温度的变化引起阻值变化，电桥失去平衡而有输出，流量计指示直接反映了流量的大小。

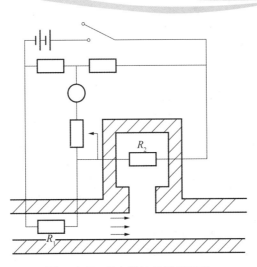

图 2-2-7　热电阻流量计原理图

活动 2　任务实施

（一）PT100 温度控制器

1. 认识相关的实验设备

认识热电阻传感器 PT100：本任务中用到的热电阻传感器是 PT100，如图 2-2-8 所示。

2. 认识智能调节仪

1）智能调节仪

本试验台配置的是高精度温度调节仪，有多种输入输出规格，人工智能调节以及参数自整定功能，先进控制算法，温度控制精度为±0.50 ℃。如图 2-2-9 所示。

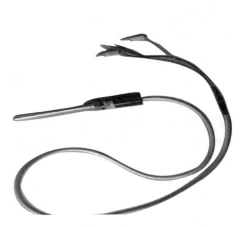

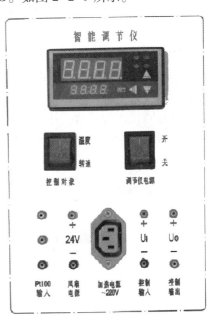

图 2-2-8　PT100 热电阻传感器　　　　　图 2-2-9　智能调节仪

45

当智能调节仪用来测量温度时，将"控制对象"打在"温度"上，将"调节仪电源"打在"开"的位置。智能调节仪中有多个参数，可通过相应的◀、▲、▼键设置不同的参数。相关参数及含义如表 2-2-1 所示。

表 2-2-1　智能调节仪的相关参数及含义

参数	参数含义	说　明	参考值
dAH	上限偏差报警值	采用人工智能调解时，当偏差（测量值 PV 减去定值 SV）大于 dAH 时产生上限偏差报警。当偏差小于 dAH 时上限偏差报警解除。报警时仪表右上"AL1"指示灯亮	0.5
ATU	自整定开关	设置为"0"自整定关，设置为"1"自整定开，开时仪表右上"AT"指示灯亮	0
dP	仪表小数点位数	通过▲或▼键可修改小数点位数	1
P	比例参数值	即 PID 算法中的比例参数值，P 值越大，比例、微分作用成正比例增强，而 P 值越小，比例、微分作用相应减弱	15
I	积分参数值	即 PID 算法中的积分参数值，决定调节算法中积分的作用	155
d	微分参数值	即 PID 算法中的微分参数值，解决超调现象及振荡现象的参数，同时使控制响应速度最佳	38
T	输出周期	反映仪表运算调节的快慢，T 越大，比例作用增强，微分减弱，T 越小，则比例作用减弱，微分作用增强	3
SC	显示误差修正参数	确认仪表显示的值不是正确的测量值时可对仪表显示值进行修正	0
UP	功率限制参数	智能调节仪的功率限制设定	100%

2）调节方法

本实验台配置的智能调节仪使用位式调节和 PID 智能模糊调节两种控制方式。

（1）位式调节（ON/OFF）是一种简单的调节方式，常用于一些对控制精度不高的场合作温度控制，或用于报警。位式调节仪表用于温度控制时，通常利用仪表内部的继电器控制外部的中间继电器，再控制一个交流接触器来控制电热丝的通断，以达到控制温度的目的。

（2）PID 智能温度调节器采用人工智能调节方式，是采用模糊规则进行 PID 调节的一种先进的新型人工智能算法，能实现高精度控制，先进的自整定（AT）功能使得无须设置控制参数。在误差大时，运用模糊算法进行调节，以消除 PID 饱和积分现象；当误差趋小时，采用 PID 算法进行调节，并能在调节中自动学习和记忆被控对象的部分特征，以使效果最优化。PID 智能温度调节器具有无超调、高精度、参数确定简单等特点。

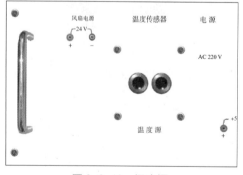

图 2-2-10　温度源

3. 认识温度源

温度源如图 2-2-10 所示。实验时，PT100 置入温度源的插孔中，当温度源的温度发生变化时，温度源中的热电阻的阻值发生变化，将电阻变化量作为温度的反馈信号输出给 PID 智能温度调节仪，再经调节仪的电阻-电压转换后与温度设定值比较再输出给可控硅和继电器控制风扇和电源，以实现冷却或加热的要求。

（二）热电阻测量温度的工作原理

由于温度具有滞后性，加热源为一滞后时间较长的系统。本实验仪采用 PID 智能模糊+位式双重调节控制温度。用报警方式控制风扇开启与关闭，使加热源在尽可能短的时间内控制在某一温度值上，并能在实验结束后通过参数设置将加热源温度快速冷却下来，可节约实验时间。

当温度源的温度发生变化时，温度源中的热电阻 PT100 的阻值发生变化，将电阻变化量作为温度的反馈信号输给 PID 智能温度调节器，经调节器的电阻-电压转换后与温度设定值比较，再进行数字 PID 运算，输出可控硅触发信号（加热）和继电器触发信号（冷却），使温度源的温度趋近温度设定值。PID 智能温度控制原理框图如图 2-2-11 所示。

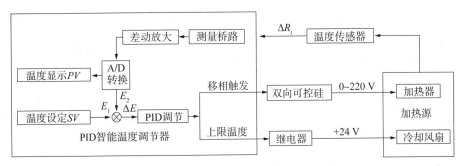

图 2-2-11　PID 智能温度控制原理框图

（三）任务实施步骤

（1）在控制台上的"智能调节仪"单元中，"控制对象"选择_____（温度/转速），连接"加热电源""风扇电源"和"温度传感器"。

问题 1：请在图 2-2-12 中完成接线。

（2）将 2~24 V 输出调节调到最大位置，打开调节仪电源。

（3）按住 SET 键 3 s 以上，进入智能调节仪 B 菜单，靠上窗口显示"dAH"，靠下窗口显示待设置的设定值。按"◀"可改变小数点位置，按▲或▼键可修改靠下窗口的参数值，设置参数值为 0.2。

问题 2：步骤（3）的操作设置了参数____的值为 0.2。

（4）继续按 SET 键 3 s 以下，靠上窗口显示"ATU"，靠下窗口显示待设置的参数，设置其为 0。

问题 3：步骤（4）的操作设置了参数_____的值为 0。

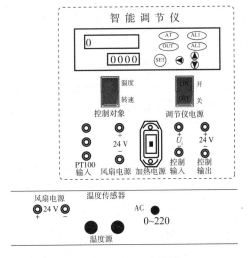

图 2-2-12　正确接线

（5）继续按 SET 键 3 s 以下，靠上窗口显示"dP"，靠下窗口显示待设置的参数，设置其为 1。

问题 4：步骤（5）的操作设置了参数_____的值为 1。

（6）继续按 SET 键 3 s 以下，靠上窗口显示"P"，靠下窗口显示待设置的参数，设置其为 15。

问题 5：步骤（6）的操作设置了参数_____的值为 15。

（7）继续按 SET 键 3 s 以下，靠上窗口显示"I"，靠下窗口显示待设置的参数，设置其为 155。

问题 6：步骤（7）的操作设置了参数_____的值为 155。

（8）继续按 SET 键 3 s 以下，靠上窗口显示"d"，靠下窗口显示待设置的参数，设置其为 38。

问题 7：步骤（8）的操作设置了参数_____的值为 38。

（9）继续按 SET 键 3 s 以下，靠上窗口显示"T"，靠下窗口显示待设置的参数，设置其为 3。

问题 8：步骤（9）的操作设置了参数_____的值为 3。

（10）继续按 SET 键 3 s 以下，靠上窗口显示"SC"，靠下窗口显示待设置的参数，设置其为 0。

问题 9：步骤（10）的操作设置了参数_____的值为 0。

（11）继续按 SET 键 3 s 以下，靠上窗口显示"UP"，靠下窗口显示待设置的参数，设置其为 100。

问题 10：步骤（11）的操作设置了参数_____的值为 100。

（12）按住 SET 3 s 以下，进入智能调节仪 B 菜单，仪表靠上的窗口显示"SU"，靠下窗口显示待设置的设定值。按"◄"可改变小数点位置，按▲或▼键可修改靠下窗口的设定值，设置其为 50。再按 SET 3 s 以下，回到初始状态。

问题 11：仪表窗口中显示的"SU"即前面提到的 SV，它表示温度的_____（设定值/实际测量值），步骤（12）的操作设置了_____为 50。

（13）观察自整定过程，记录整定过程中各振荡周期温度的最大值和最小值，填在表 2-2-2 中。

表 2-2-2　实验数据　　　　　　　　　　　　　　　　　　　　　　　℃

最大值					
最小值					

（四）数据处理

（1）请根据上表数据用平滑的曲线绘出温度由室温通过自整定控制方式达到设定值 50 ℃过程中的变化趋势图。

5. 小结

6. 清理工作台面

按规范要求清理工作现场、整理工具。

（二）铂电阻温度特性检测

1. 认识温度传感器实验模块

本任务中使用到的温度传感器实验模块如图 2-2-13 所示。

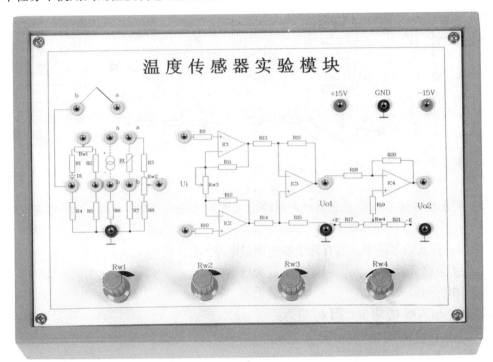

图 2-2-13 温度传感器实验模块

除了温度传感器实验模块外，本任务的实施还要用到两只 PT100、智能调节仪及温度源。

2. 铂热电阻温度特性检测的工作原理

利用导体电阻随温度变化的特性，热电阻用于测量时，要求其材料电阻温度系数大，稳定性好，电阻率高，电阻与温度之间最好有线性关系。在检测时，一只 PT100 信号输出给智能调节仪，显示温度源的温度，另一只 PT100 信号输出给温度传感器实验模块，经测量电路转换成电压信号，即可检测被测温度与输出模块输出电压信号之间的特性关系。

3. 任务实施步骤

（1）重复 PT100 温度控制实验，将温度控制在 50 ℃，在另一个温度传感器插孔中插入另一只铂热电阻温度传感器 PT100。

（2）将 ±15 V 直流稳压电源线及地线接至温度传感器实验模块。温度传感器实验模块的输出 U_{o2} 接主控台直流电压表。

问题 1：请在图 2-2-14 中完成接线。

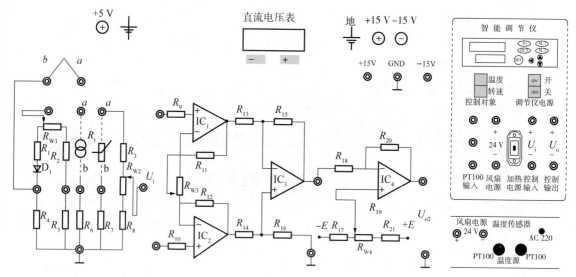

图 2-2-14　完成接线

（3）将温度传感器模块上差动放大器的输入端 U_i 短接，调节＿＿＿＿＿＿使直流电压表显示为零。

问题2：在实验电路中，共有几个基本测量电路？（　　　）

A. 电桥电路　　　　　　　B. 差动放大器电路　　　　　C. 反相比例放大器

D. 同相比列放大器　　　　E. 电荷放大器

问题3：输入端 U_i 短接，则 U_i 应为＿＿＿＿＿＿，经过＿＿＿＿＿＿＿＿＿测量电路后，U_{o2} 应为＿＿＿＿＿＿，直流电压表显示应为＿＿＿＿＿＿。

问题4：若此时电压表显示不为0，应调节＿＿＿＿＿＿（R_{W1} \ R_{W2} \ R_{W3} \ R_{W4}）。

问题5：请在图 2-2-14 中完成接线。

（4）将 PT100 的 3 根引线插入温度传感器实验模块中 R_t 两端（其中颜色相同的两个接线端是短路的）。打开智能调节仪电源和温度开关。

（5）按图 2-2-15 接线，连接实验台上的 +5 V 电源线和地线到实验模块，拿掉短路线，将 R_6 两端接到差动放大器的输入 U_i，模块输出 U_{o2} 接直流电压表。

问题6：请在图 2-2-14 中完成接线。

（6）改变温度源的温度，每隔 5 ℃记下 U_{o2} 的输出值。直到温度升至 120 ℃，观察实验结果，并将其填入表 2-2-3 中。

表 2-2-3　记录实验数据

$t/℃$												
U_{o2}/V												

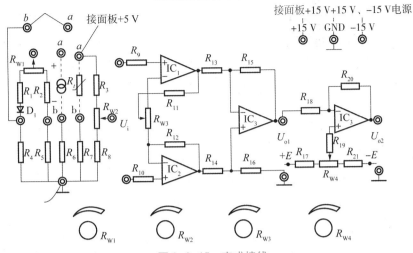

温度传感器实验模块

图 2-2-15　完成接线

4. 数据处理

（1）根据表 2-2-3 的实验数据画出 U_{o2}-t 曲线。

（2）分析 PT100 的温度特性曲线，并计算其非线性误差和灵敏度。

5. 小结
6. 清理工作台面

按规范要求清理工作现场、整理工具。

任务三　使用压阻式传感器

本任务中主要学习压阻式传感器的工作原理、特点、分类及应用，认识实验台中压阻式传感器的外观和结构，会用压阻式传感器进行压力的测量。

活动 1　压阻式传感器概述

压阻式传感器是基于半导体材料（单晶硅）的压阻效应原理制成的传感器，它可用于压力、拉力、压力差和可以转变为力的变化的其他物理量（如液位、加速度、重量、应变、流量、真空度）的测量和控制，图 2-3-1 所示为常用的压阻式传感器。

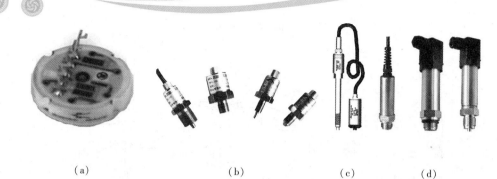

图 2-3-1　常用的压阻式传感器

（a）陶瓷压阻式传感器；（b）压阻式压力传感器；（c）蓝宝石压力传感器；（d）硅压阻式传感器

1. 压阻式传感器的基本原理

锗、硅等单晶半导体材料受到应力作用时，不仅会发生机械变形，而且其电阻率会发生变化，且电阻率的变化使它们的电阻值发生更大的变化，这种现象称为压阻效应，利用半导体材料的压阻效应制成的传感器称为压阻式传感器。

2. 压阻式传感器的分类

压阻式传感器有两种类型：一种是利用半导体材料的体电阻做成的粘贴式应变片，用此应变片制成的传感器，称为半导体应变式传感器；另一类是在半导体材料的基片上用集成电路工艺制成扩散电阻，用此扩散电阻制成的传感器称扩散型压阻传感器。

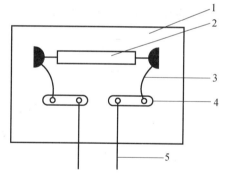

图 2-3-2　半导体应变片

1—基底；2—半导体；3—引出线；
4—焊接电极；5—外引线

1）半导体应变式传感器

半导体应变式传感器的结构形式与电阻应变片传感器相同，也是由敏感元件、转换元件、测量转换电路三部分组成，所不同的是应变片的敏感栅是用半导体材料制成的。图2-3-2所示为半导体应变片的典型结构。

2）压阻式压力传感器

压阻式压力传感器又称扩散硅压力传感器，它利用集成电路工艺直接在硅平膜片上按一定晶向制成扩散压敏电阻，当硅膜片受压时，膜片的变形将使扩散电阻的阻值发生变化。硅平膜片上的扩散电阻通常构成桥式测量电路，相对的桥臂电阻是对称布置的，电阻变化时，电桥输出电压与膜片所受压力成对应关系。

3. 压阻式传感器的特点

压阻式传感器是属于新型传感器之一，它具有频率响应高（例如有的产品固有频率达 1.5 MHz以上），适于动态测量；分辨率高，例如测量压力时可测出 10~20 Pa 的微压；体积小（例如有的产品外径可达 0.25 mm），适于微型化；精度高，可达 0.1%~0.01%；灵敏度高，比金属应变计高出很多倍，有些应用场合可不加放大器；无活动部件，可靠性高，能工作于振动、冲击、腐蚀、强干扰等恶劣环境。其缺点是温度影响较大（有时需进行温度补偿）、工艺较复杂和造价高等。目前，在现代大量引进大规模集成电路技术和计算机软件技

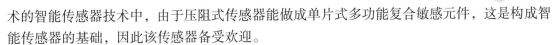

术的智能传感器技术中，由于压阻式传感器能做成单片式多功能复合敏感元件，这是构成智能传感器的基础，因此该传感器备受欢迎。

4. 压阻式传感器的应用

压阻式传感器广泛地应用于航天、航空、航海、石油化工、动力机械、生物医学工程、气象、地质、地震测量等各个领域。

图 2-3-3 所示为一种压阻式压力传感器的结构示意图，硅平膜片在圆形硅杯的底部，其两边有两个压力腔，分别输入被测差压或被测压力与参考压力。高压腔接被测压力，低压腔与大气连通或接参考压力。膜片上的两对电阻中，一对位于受压应力区，另一对位于受拉应力区，当压力差使膜片变形时，膜片上的两对电阻阻值发生变化，使电桥输出相应压力变化的信号。

压阻式传感器还有效地应用于爆炸压力和冲击波的测量、真空测量、监测和控制汽车发动机的性能以及诸如测量枪炮膛内压力、发射冲击波等兵器方面的测量。此外，在油井压力测量、随钻测方向和位置地下密封电缆故障点的检测以及流量和液位测量等方面都广泛应用压阻式传感器。随着微电子技术和计算机的进一步发展，压阻式传感器的应用还将迅速发展。

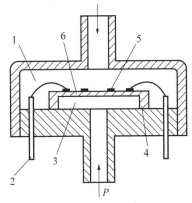

图 2-3-3　压阻式压力传感器
1—低压腔；2—引线；3—高压腔；
4—硅杯；5—扩散电阻；6—膜片

活动2　任务实施

1. 认识扩散硅压阻式压力传感器及其配套的实验模块

在具有压阻效应的半导体材料上用扩散或离子注入法，摩托拉公司设计出了 X 形硅压力传感器，如图 2-3-4 所示。在单晶硅膜片表面形成 4 个阻值相等的电阻条，并将它们连接成惠斯通电桥，电桥电源端和输出端引出，用制造集成电路的方法封装起来，制成扩散硅压阻式压力传感器，如图 2-3-5 所示，4 个引脚分别是电桥电源端和输出端。传感器已安装在实验模块中，配套的实验模块如图 2-3-6 所示。

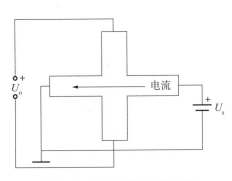

图 2-3-4　X 形硅压力传感器

图 2-3-5　扩散硅压阻式压力传感器

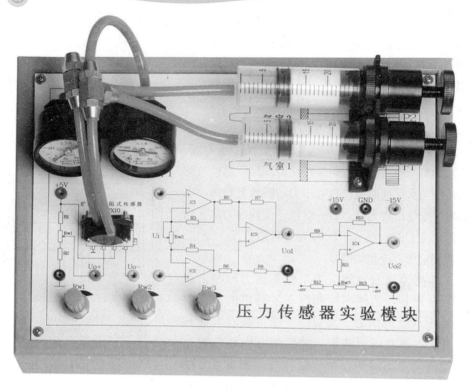

图 2-3-6　压力传感器实验

除了压力传感器实验模块外，本任务的实施还要用到直流电压表及直流稳压电源。

2. 扩散硅压阻式传感器测量压力的工作原理

当 X 形硅压力传感器的敏感芯片没有外加压力作用时，内部电桥处于平衡状态；当传感器受压后芯片电阻发生变化时，电桥将失去平衡；给电桥加一个恒定电压源，电桥将输出与压力对应的电压信号。这样传感器的电阻变化通过电桥转换成压力信号输出。

3. 任务实施步骤

（1）扩散硅压力传感器 MPX10 已安装在压力传感器模块上，将气室 1、气室 2 的活塞退到 20 mL 处，并按图 2-3-7 接好气路系统。其中 P_1 端为正压力输入、P_2 端为负压力输入，MPX10 有 4 个引出脚，1 脚接地，2 脚为 U_o^+，3 脚接 +5 V 电源，4 脚为 U_o^-；当 $P_1 > P_2$ 时，输出为正；$P_1 < P_2$ 时，输出为负。

（2）检查气路系统。

问题 1：若推进活塞 1 或 2，对应的气压表应_____。

（3）接入 +5 V、±15 V 直流稳压电源，模块输出端 U_{o2} 接控制台上数显直流电压表，选择 20 V 挡，打开实验台总电源。

问题 2：请在图 2-3-8 中画出接线图。

（4）用导线将差动放大器的输入端 U_i 短路，然后调节使直流电压表显示为零。

问题 3：输入端 U_i 短路，则 U_i 应为_____，U_{o2} 应为_____。

问题 4：若电压表显示不为零，应调节_____。

A. R_{W1}　　　　　　B. R_{W2}　　　　　　C. R_{W3}　　　　　　D. R_{W4}

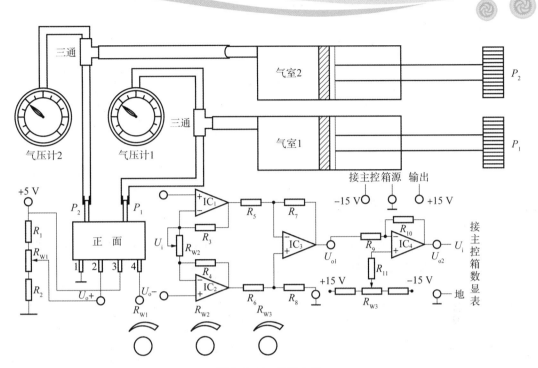

图 2-3-7　接线电路

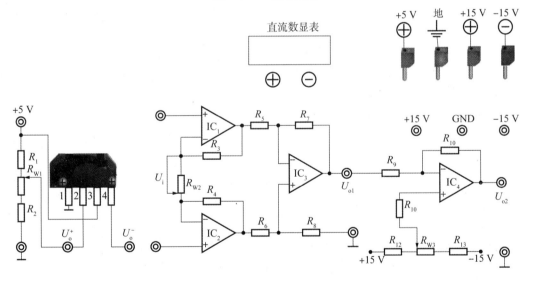

图 2-3-8　完成接线

（5）调节气室 1、气室 2 的两个活塞，使两个气压计均指在"零"刻度处，将 MPX10 的输出接到差动放大器的输入端 U_i，调节直流电压表 200 mV 挡显示为零。

问题 5：若电压表显示不为零，应调节_____。

A. R_{W1}　　　　　　B. R_{W2}　　　　　　C. R_{W3}　　　　　　D. R_{W4}

（6）保持压力输入 P_2 压力 0 MPa 不变，增大正压力输入 P_1 的压力，每隔 0.005 MPa 记下模块输出 U_{o2} 的电压值。直到 P_1 的压力达到 0.045 MPa；将实验数据填入表 2-3-1 中。

表 2-3-1　记录实验数据

P/MPa									
U_{o2}/V									

（7）保持压力输入 P_1 压力 0.045 MPa 不变，增大负压力输入 P_2 的压力，每隔 0.005 MPa 记下模块输出 U_{o2} 的电压值。直到 P_2 的压力达到 0.045 MPa；将实验数据填入表 2-3-2 中。

表 2-3-2　记录实验数据

P/MPa									
U_{o2}/V									

（8）保持压力输入 P_2 压力 0.045 MPa 不变，减小正压力输入 P_1 的压力，每隔 0.005 MPa 记下模块输出 U_{o2} 的电压值。直到 P_1 的压力达到 0.0 MPa；将实验数据填入表 2-3-3 中。

表 2-3-3　记录实验数据

P/MPa									
U_{o2}/V									

（9）保持压力输入 P_1 压力 0 MPa 不变，减小正压力输入 P_2 的压力，每隔 0.005 MPa 记下模块输出 U_{o2} 的电压值。直到 P_2 的压力达到 0.0 MPa；将实验数据填入表 2-3-4 中。

表 2-3-4　记录实验数据

P/MPa									
U_{o2}/V									

4. 数据处理

（1）根据表 2-3-1、表 2-3-2、表 2-3-3、表 2-3-4 的测量数据，分别画出上述 4 种情况下 P（P_1 或 P_2）-U_{o2} 曲线。

（2）分别根据记入表 2-3-1、表 2-3-2、表 2-3-3、表 2-3-4 的实验数据，计算灵敏度 S_n 及非线性误差 E。

5. 小结

6. 清理工作台面

按规范要求清理工作现场、整理工具。

任务四　使用气敏电阻传感器

本任务中主要学习气敏电阻传感器的工作原理、特点、分类及应用，认识实验台中气敏传感器的外观和结构，会用气敏传感器进行酒精浓度、可燃气体浓度的测量。

活动1　气敏传感器概述

气敏传感器是一种将检测到的气体成分和浓度转换为电信号的传感器。它可用于检测和控制生活和生产中常接触的各种各样的气体。比如化工生产中气体成分的检测与控制；煤矿瓦斯浓度的检测与报警；环境污染情况的监测；煤气泄漏；火灾报警；燃烧情况的检测与控制等。图2-4-1所示为常用的气敏传感器。

图2-4-1　常用的气敏传感器

1. 气敏传感器的分类

常用的气敏传感器主要有接触燃烧式气体传感器、电化学气敏传感器和半导体气敏传感器等。

1）接触燃烧式气体传感器

接触燃烧式气体传感器的检测元件一般为铂金属丝（也可表面涂铂、钯等稀有金属催化层），使用时对铂丝通以电流，保持300 ℃~400 ℃的高温，此时若与可燃性气体接触，可燃性气体就会在稀有金属催化层上燃烧，因此，铂丝的温度会上升，铂丝的电阻值也上升；通过测量铂丝的电阻值变化的大小，就知道可燃性气体的浓度。接触燃烧式气体传感器的结构与测量电路如图2-4-2所示。

传感与检测技术（第3版）

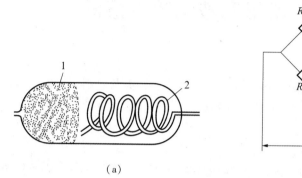

（a）　　　　　　　　　（b）

图 2-4-2　接触燃烧式气体传感器

（a）结构；（b）测量电路

1—金属氧化物烧结体；2—铂丝

2）电化学气敏传感器

电化学气敏传感器一般利用液体（或固体、有机凝胶等）电解质，其输出形式可以是气体直接氧化或还原产生的电流，也可以是离子作用于离子电极产生的电动势。

3）半导体气敏传感器

半导体气敏传感器具有灵敏度高、响应快、稳定性好、使用简单的特点，应用极其广泛；半导体气敏元件有 N 型和 P 型之分。N 型在检测时阻值随气体浓度的增大而减小；P 型阻值随气体浓度的增大而增大。常用的气敏电阻的结构及测量电路如图 2-4-3 所示。

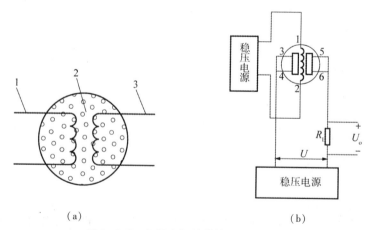

（a）　　　　　　　　　（b）

图 2-4-3　气敏电阻的结构及测量电路

（a）结构；（b）测量电路

1，3—加热丝；2—氧化物半导体

2. 半导体气敏电阻传感器的工作原理

半导体气敏传感器是利用半导体气敏元件同气体接触后，造成半导体性质的变化来检测特定气体的成分或者测量其浓度。

半导体气敏传感器大体上可分为两类：电阻式和非电阻式。电阻式半导体气敏传感器是利用气敏半导体材料，如氧化锡（SnO_2）、氧化锰（MnO_2）等金属氧化物制成敏感元件，当它们吸收了可燃气体的烟雾，如氢、一氧化碳、烷、醚、醇、苯以及天然气、沼气等时，会发生还原反应，放出热量，使元件温度相应增高，电阻发生变化。利用半导体材料的这种特性，将气体的成分和浓度（典型气敏元件的阻值-浓度关系）变换成电信号，进行监测和报警。气敏器件阻值和气体浓度之间的关系如图 2-4-4 所示。

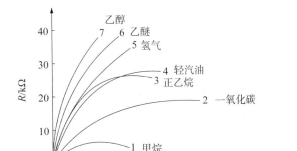

图 2-4-4　气敏器件阻值和气体浓度关系

从图中可以看出，元件对不同气体的敏感程度不同，如对乙醚、乙醇、氢气等具有较高的灵敏度，而对甲烷的灵敏度较低。一般随气体的浓度增加，元件阻值明显增大，在一定范围内呈线性关系。

3. 半导体气敏传感器的特点

半导体气敏传感器具有灵敏度高、响应快、稳定性好、使用简单的特点，应用极其广泛。

4. 气敏传感器的应用

气敏传感器应用较广泛的是用于防灾报警，如可制成液化石油气、天然气、城市煤气、煤矿瓦斯以及有毒气体等方面的报警器。也可用于对大气污染进行监测以及在医疗上用于对 O_2、CO_2 等气体的测量。生活中则可用于空调机、烹调装置、酒精浓度探测等方面。

图 2-4-5　家用燃气泄漏报警器

1）燃气报警器

各类易燃、易爆、有毒、有害气体的检测和报警都可以用相应的气敏传感器及其相关电路来实现，如气体成分检测仪、气体报警器、空气净化器等已用于工厂、矿山、家庭、娱乐场所等。家用燃气泄漏报警器如图 2-4-5 所示。

2）酒精传感器

酒精传感器是利用气体在半导体表面的氧化和还原反应导致敏感元件阻值变化：若气体浓度发生变化，则阻值发生变化，根据这一特性，可以从阻值的变化得知吸附气体的种类和浓度。常见的酒精传感器及其气敏元件如图 2-4-6 所示。

3）矿灯瓦斯报警器

矿灯瓦斯报警器装配在酸性矿工灯上，使普通矿灯兼具照明与瓦斯报警两种功能。该报警器由电源变换器提供电路稳定电压并由气敏元件、报警点控制电路和报警信号电路构成。如在传感器故障的情况下，矿灯每十秒钟闪一次。当矿灯在空气中监测到甲烷气体达到报警浓度时，矿灯每秒闪一次。矿井瓦斯报警器电路如图 2-4-7 所示。

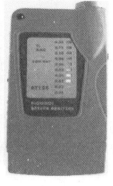

（a） （b）

图 2-4-6 常见的酒精传感器及其气敏元件
（a）酒精传感器；（b）气敏元件

气敏式传感器除了可以有效地进行瓦斯气体的检测、煤气的检测、酒精浓度检测外，还可以进行一氧化碳气体的检测、氟利昂的检测、人体口腔口臭的检测等，还可以通过接口电路与计算机组成自动检测、控制和报警系统。

活动 2 任务实施

（一）气敏传感器测量酒精浓度

1. 认识气敏传感器

本任务中用到的气敏传感器如图 2-4-8 所示，用到的实验模块为差动变压器实验模块，如图 2-4-9 所示。

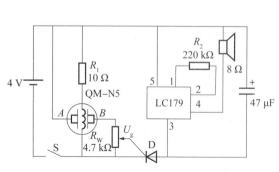

图 2-4-7 瓦斯报警器电路

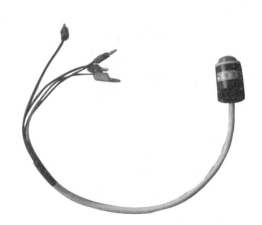

图 2-4-8 气敏传感器

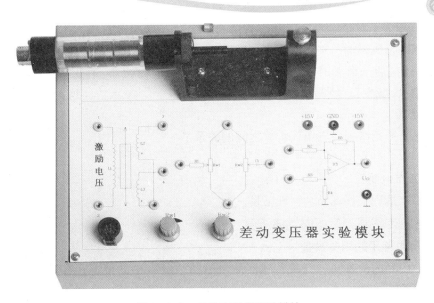

图 2-4-9　差动变压器实验模块

除了气敏传感器外，本任务实施中还要用到酒精及棉球。

2. 气敏传感器测量酒精浓度的工作原理

本实验所采用的 SnO_2（氧化锡）半导体气敏传感器属电阻型气敏元件；它是利用气体在半导体表面的氧化和还原反应导致敏感元件阻值变化：若气体浓度发生变化，则阻值发生变化，根据这一特性，可以从阻值的变化得知吸附气体的种类和浓度。

3. 任务实施步骤

（1）将气敏传感器夹持在差动变压器实验模块上的传感器固定支架上。

（2）图 2-4-10 为实验模块相关电路，将气敏传感器接线端红色接 0~5 V 电压加热，黑色接地；电压输出选择 ±10 V，黄色线接 +10 V 电压，蓝色线接 R_{W1} 上端，R_{W1} 上下端分别接差动变压器实验模块的输入端，差动变压器实验模块的输出端 U_o 接直流电压表。

问题 1：请在图 2-4-10 中画出接线图。

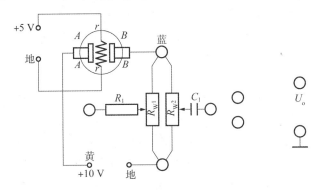

图 2-4-10　实验模块相关电路

（3）将 ±15 V 直流稳压电源接入差动变压器实验模块中，打开实验台总电源，预热 1 分钟。

（4）当电压表示数稳定后，用浸透酒精的小棉球，靠近传感器，并吹 2 次气，使酒精挥发进入传感器金属网内，观察电压表读数变化。

问题 2：吹气后，金属网内酒精浓度_____（增大/减小/不变），气敏元件电阻将_____（增大/减少），经测量转换电路后，电压表_____示数（增大/减小）。

4. 实验结果

试定性分析酒精浓度与电压表示数之间的关系。

5. 小结

6. 清理工作台面

按规范要求清理工作现场、整理工具。

（二）气敏传感器测量可燃气体浓度

1. 本任务中使用的相关设备

本任务中用到的设备同"气敏传感器测量酒精浓度"中的设备，有气敏传感器、差动变压器实验模块，可燃气体。

2. 气敏传感器测量可燃气体的工作原理

气敏元件是利用半导体表面因吸附气体引起半导体元件电阻值变化特征制成的一类传感器。气敏传感器是一种表面电阻控制型半导体气敏器件，主要是靠表面电导率变化的信息来检测被接触气体分子。传感器内部附有加热器，提高器件的灵敏度和响应速度。

传感器的表面电阻 R_S，与其串联的负载电阻 R_L 上的有效电压信号输出 U_{R_L}，二者之间的关系为：

$$R_S/R_L = (U_C - U_{R_L})/U_{R_L}$$

该电压变量随气体浓度增大而成正比例增大。

气敏传感器常可用于家庭、环境的一氧化碳探测装置。适宜于一氧化碳、煤气等的探测。

3. 任务实施步骤

（1）将气敏传感器探头固定在差动变压器实验模块的支架上，传感器的 4 根引线红色和黑色为加热器输入，接 0~5 V 电压加热（没有正负之分）。传感器预热 1 分钟左右。

（2）按"气敏传感器测量酒精浓度"接线，直流电压表选择 20 V 挡。记下传感器暴露在空气中时电压表的显示值。

问题 1：传感器暴露在空气中时可燃气体浓度_____，此时电压表示数为_____。

（3）将准备好的装有少量煤气（<4%）的瓶口（或打火机内的丁烷气体）对准传感器探头，观察直流电压表的变化，一段时间后电压表的显示趋于稳定。

问题 2：当可燃气体对准传感器探头时，传感器检测可燃气体浓度_____（增大/减小/不变），电压表示数将_____（增大/减小），稳定值为_____。

（4）拿开煤气瓶，观察直流电压表的读数。

问题 3：拿开煤气瓶后，电压表示数将_____（增大/减小）。

4. 小结

5. 清理工作台面

按规范要求清理工作现场、整理工具。

 任务五　使用电容式传感器

本任务中主要学习电容式传感器的工作原理、特点、分类及应用，认识电容式传感器的外观和结构，会用电容式传感器进行位移和振动测量。

活动1　电容式传感器概述

电容器是电子技术的三大类无源元件（电阻、电感和电容）之一，利用电容器的原理，将非电量转换成电容量，进而实现非电量到电量的转化的器件或装置，称为电容式传感器，图 2-5-1 所示为各种常用电容式传感器。

图 2-5-1　常用电容式传感器

1. 电容式传感器的基本原理

电容式传感器是将被测非电量的变化转化为电容量的一种传感器。其结构简单、高分辨力、可非接触测量，并能在高温、辐射和强烈震动等恶劣条件下工作，这是它的独特优点。随着集成电路技术和计算机技术的发展，促使它扬长避短，成为一种很有发展前途的传感器。

用两块金属平板作电极可构成电容器，如图 2-5-2 所示。当忽略边缘效应时，其电容为：

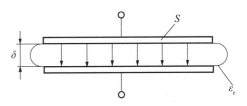

图 2-5-2　平板电容器

$$C = \frac{\varepsilon S}{\delta} = \frac{\varepsilon_r \varepsilon_0 S}{\delta}$$

当极板间距离 δ、极板相对覆盖面积 S 和相对介电常数 ε_r 中的某一项或几项有变化时，就改变了电容 C，再通过测量电路就可转换为电量输出。因此，电容式传感器可分为变极距型、变面积型和变介质型三种类型。极板间距离 δ 或极板相对覆盖面积 S 的变化可以反映线位移或角位移的变化，也可以间接反映压力、加速度等的变化；相对介电常数 ε_r 的变化则可反映液面高度、材料厚度等的变化。

1）变极距型电容传感器

变极距型电容传感器的原理图如图 2-5-3 所示。当传感器的 ε_r 和 S 为常数，初始极距为 δ_0，可知其初始电容量 C_0 为：

$$C_0 = \varepsilon_0 \varepsilon_r S / \delta_0$$

当动极板因被测量变化而向下移动使 δ_0 减小 $\Delta\delta_0$ 时，电容量增大 ΔC 则有：

$$C_0 + \Delta C = \varepsilon_0 \varepsilon_r S / (\delta_0 - \Delta\delta_0) = C_0 / (1 - \Delta\delta_0 / \delta_0)$$

变极距电容式传感器具有非线性，所以实际应用中，为了改善非线性、提高灵敏度和减小外界因素（如电源电压、环境温度）的影响，常常做成差动式结构或采用适当的测量电路来改善其非线性，如图 2-5-4 所示。

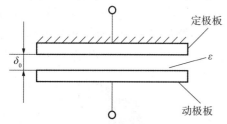

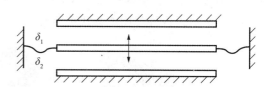

图 2-5-3　变极距型电容传感器原理图　　　　图 2-5-4　差动式变极距型电容式传感器

差动式比单极式灵敏度提高一倍，且非线性误差大为减小。由于结构上的对称性，它还能有效地补偿温度变化所造成的误差。

2）变面积型电容式传感器

变面积型电容式传感器有平板形和圆柱形两种类型，原理图如图 2-5-5、图 2-5-6 所示。

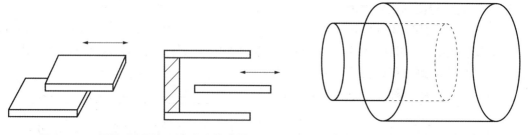

图 2-5-5　平板形变面积型电容式传感器　　　　图 2-5-6　圆柱形电容式传感器

平板形结构对极距变化特别敏感，对测量精度影响较大，而圆柱形结构受极板径向变化的影响很小，成为实际中最常采用的结构。在圆柱形电容式传感器中，忽略边缘效应时，电容量为：

$$C = \frac{2\pi\varepsilon \cdot l}{\ln(r_2 / r_1)}$$

式中　C——电容；

　　　l——外圆筒与内圆柱覆盖部分的长度；

　　　r_2——圆筒内半径；

　　　r_1——内圆柱外半径。

当两圆筒相对移动 Δl 时，电容变化量为：

$$\Delta C=\frac{2\pi\varepsilon l}{\ln\left(r_2/r_1\right)}-\frac{2\pi\varepsilon\left(l-\Delta l\right)}{\ln\left(r_2/r_1\right)}=\frac{2\pi\varepsilon\Delta l}{\ln\left(r_2/r_1\right)}=C_0\frac{\Delta l}{l}$$

式中　ΔC——变化电容量；

　　　C_0——极距为 δ_0 时的初始电容量；

　　　Δl——移动距离；

　　　l——外圆筒与内圆柱覆盖部分的长度。

变面积型电容传感器具有良好的线性，大多用来检测位移等参数。变面积型电容传感器与变极距型相比，其灵敏度较低。因此，在实际应用中，也采用差动式结构，以提高灵敏度，如图 2-5-7 所示。

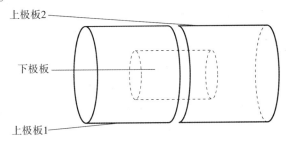

图 2-5-7　差动式电容式传感器

3）变介电常数型电容式传感器

这类传感器常用于位移、压力、厚度、加速度、液位、物位和成分含量等的测量。此外，还可根据极间介质的介电常数随温度、湿度改变而改变来测量介质材料的温度、湿度等，如图 2-5-8 所示。

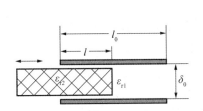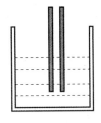

图 2-5-8　变介电常数型电容式传感器

变介电常数型电容传感器的电容与介质的厚度之间的关系为：

$$C=\frac{ab}{\left(\delta-\delta_x\right)/\varepsilon_0+\delta_x/\varepsilon}$$

式中　a——固定极板长；

　　　b——固定极板宽；

　　　ε——被测物介电常数；

　　　ε_0——两固定极板间间隙中空气的介电常数，$\varepsilon_0 \approx 8.86 \times 10^{-12}\,\mathrm{F/m}$；

　　　δ——两固定极板间的距离；

　　　δ_x——被测物的厚度。

2. 电容式传感器的特点

电容式传感器具有测量范围大、灵敏度高、结构简单、适应性强、动态响应时间短、易实现非接触测量等优点，但电容式传感器检测时易受干扰和分布电容的影响。目前，由于材料、工艺，特别是测量电路及半导体集成技术等方面已达到了相当高的水平，因此寄生电容的影响得到较好的解决，使电容式传感器的优点得以充分发挥。

3. 电容式传感器的应用

1）电容式位移传感器

图 2-5-9 所示为一种电容式位移传感器。它采用差动式结构、圆柱形电极，与测杆相连的动电极随被测位移而轴向移动，从而改变活动电极与两个固定电极之间的覆盖面积，使电容发生变化。它用于接触式测量，电容与位移呈线性关系。

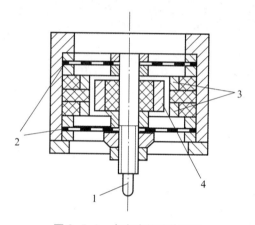

图 2-5-9　电容式位移传感器

1—测杆；2—开槽簧片；3—固定电极；4—活动电极

讨论：

电容式位移传感器属于哪一类电容式传感器？

2）电容式加速度传感器

图 2-5-10 所示为电容式传感器及由其构成的力平衡式挠性加速度计。敏感加速度的质量组件由石英动极板及力发生器线圈组成，并由石英挠性梁弹性支撑，其稳定性极高。固定于壳体的两个石英定极板与动极板构成差动结构；两极面均镀金属膜形成电极。由两组对称E 形磁路与线圈构成的永磁动圈式力发生器互为推挽结构，大大提高了磁路的利用率和抗干扰性。

工作时，质量组件敏感被测加速度，使电容传感器产生相应输出，经测量（伺服）电路转换成比例电流输入力发生器，使其产生一电磁力与质量组件的惯性力精确平衡，迫使质量组件随被加速的载体而运动；此时，流过力发生器的电流精确反映了被测加速度值。

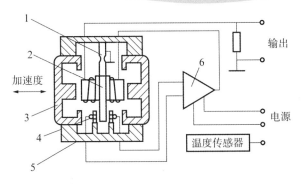

图 2-5-10 电容式挠性加速度传感器

1—挠性梁；2—质量组件；3—磁回路；4—电容传感器；5—壳体；6—伺服电路

电容式加速度传感器属于哪一类电容式传感器?

3）电容式压力传感器

图 2-5-11 所示为大吨位电子吊秤用电容式称重传感器。扁环形弹性元件内腔上下平面上分别固连电容传感器的定极板和动极板。称重时，弹性元件受力变形，使动极板位移，导致传感器电容量变化，从而引起由该电容组成的振荡频率变化。频率信号经计数、编码，传输到显示部分。

图 2-5-12 为一种典型的小型差动电容式压力传感器结构。加有预张力的不锈钢膜片作为感压敏感元件，同时作为可变电容的活动极板。电容的两个固定极板是在玻璃基片上镀有金属层的球面极片。在压差作用下，膜片凹向压力小的一面，导致电容量发生变化。球面极片（图中被夸大）可以在压力过载时保护膜片，并改善性能。其灵敏度取决于初始间隙 δ，δ 越小，灵敏度越高。其动态响应主要取决于膜片的固有频率。

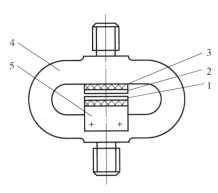

图 2-5-11 电容式称重传感器

1—动极板；2—定极板；3—绝缘材料；
4—弹性体；5—极板支架

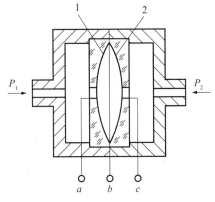

图 2-5-12 电容式压力传感器

1—定极板；2—膜片

4）电容式物位传感器

电容式物位传感器是利用被测介质面的变化引起电容变化的一种变介质型电容传感器。除上述应用外，电容式传感器还可用于转速测量与金属零件计数等。

5）电容式触摸屏

图 2-5-13 所示为一种常见的电容式触摸屏结构。电容式触摸屏技术是利用人体的电流感应进行工作的。电容式触摸屏是 4 层复合玻璃屏结构，最外层是一层抗磨损聚酯薄膜保护层，玻璃屏的内表面以及和最外层中各涂有一层导电 ITO（氧化铟锡）。夹层 ITO 涂层是工作面，4 个角上引出 4 个电极，玻璃屏内表面 ITO 为信号屏蔽层。当手指触摸电容屏时，由于人体存在电场，手指和触摸屏表面就形成一个耦合电容，因为使用时工作面上接有高频信号，由于电容隔直通交的特性，于是手指就通过该电容从接触点吸收走一个很小的电流，则影响了屏的 4 个角上的电极中流出的电流值，控制器通过对 4 个电流比例的精密计算，得出触摸点的位置。触摸屏可以达到 99% 的精确度，具备小于 3 ms 的响应速度。

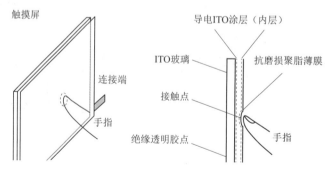

图 2-5-13　电容式触摸屏结构图

活动2　任务实施

（一）使用电容式传感器测量位移

1. 认识电容式传感器及其配套的测量模块

本任务中用到的电容式传感器及其配套的实验模块如图2-5-14、图2-5-15所示。

图2-5-14　电容式传感器

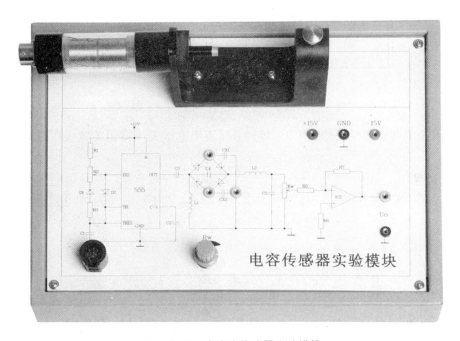

图2-5-15　电容式传感器实验模块

除了电容式传感器及其实验模块外，本任务的实施还要用到测微头（即千分尺）、数显表及直流稳压电源。

2. 电容式传感器测量位移的工作原理

本活动采用差动式变面积型电容式传感器，如图2-5-16所示。两只平板电容器共享一个下极板，当下极板随被测物体移动时，两只电容器上、下极板的有效面积一只增大，一只减

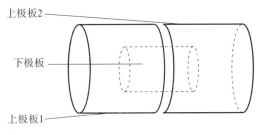

图2-5-16　差动结构的电容式传感器结构

小，将3个极板用导线引出，形成差动电容输出，再经过测量转换电路转换为电压信号输出。电容式传感器的下极板接在移动物体上，当位移变化时，引起电容值变化，经测量转换电路后反映在电压的变化上。本活动中采用差动式变面积型电容传感器，具有良好的线性，因此被测位移与输出电压之间是线性关系。

3. 任务实施步骤

（1）按图2-5-17将电容式传感器安装在电容传感器模块上，将传感器引线插入实验模块插座中。

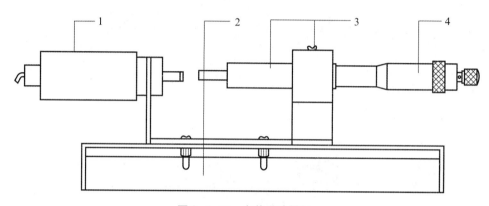

图 2-5-17　安装实验器材

1—电容传感器；2—模板；3—测量架；4—测微头

（2）将电容传感器模块的输出 U_o 接到数显直流电压表（将相关接线在图2-5-18中标示）。

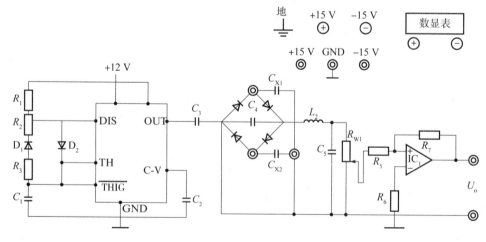

图 2-5-18　实验电路

（3）接入±15 V电源，合上主控台电源开关，将电容传感器调至中间位置，调节 R_W，使得数显直流电压表显示为0。

问题1：当电容式传感器调到中间位置时，位移 $X =$ _____，若将位移量与电压值绘于坐标图中，则起始点应在_____。

（4）旋动测微头推进电容传感器的共享极板（下极板），此时，影响传感器电容量的参量_____将改变，每隔 0.2 mm 记下位移量 X 与输出电压值 U 的变化，填入表 2-5-1：

表 2-5-1　记录实验数据

X/mm									
U/mV									

讨论：试讨论位移量 X 与输出电压值 U 之间的关系特性。

4. 数据处理

（1）根据测量数据，在图 2-5-19 中绘出 U-X 曲线。

问题 1：若根据实验测量数据绘制的 U-X 曲线如图 2-5-20 所示，试分析在数据测量过程中，可能导致此结果的操作是_____。

A. 调节了 R_{W1}　　　　　B. 线路接触不良

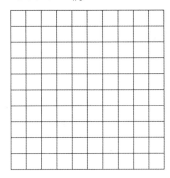

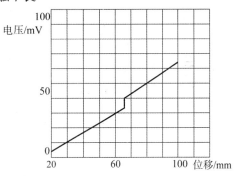

图 2-5-19　绘制 U-X 曲线　　　　图 2-5-20　已绘制的 U-X 曲线

问题 2：若根据实验测量数据绘制 U-X 曲线如图 2-5-21 所示，即曲线起点不在原点，试分析可能导致此结果的操作是_____。

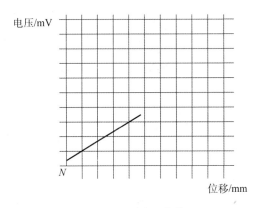

图 2-5-21　绘制曲线

5. 计算

根据实验数据计算电容传感器的系统灵敏度 K 及非线性误差 E。

（二）使用电容式传感器测量振动

1. 认识振动源

本实验台配置的振动源如图2-5-22所示。

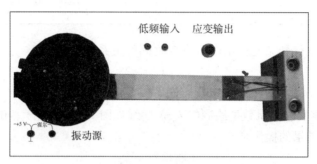

图2-5-22 振动源

当给低频输入端输入低频信号，将低频信号发生器的低频调幅打到最大位置，调节低频调频旋钮，振动梁将振动，在13.3 Hz左右振幅达到最大（共振）。

2. 认识低频信号发生器

低频信号发生器在实验台的振荡器模块上，如图2-5-23所示。产生的低频信号由低频输出端输出给振动源的低频输入端，驱动振动梁振动，低频信号的频率由低频调频旋钮调节，频率范围为1~30 Hz，幅度由低频调幅旋钮调节。

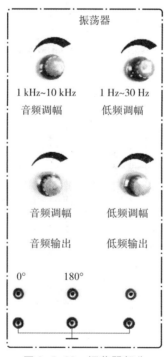

图2-5-23 振荡器部分

3. 认识相敏检波模块

本任务中除了使用电容式传感器及其配套的实验模块外，还需要使用相敏检波模块对输出信号进行进一步的处理，相敏检波模块如图 2-5-24 所示。

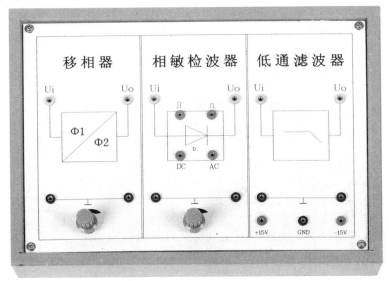

图 2-5-24 相敏检波模块

除了上述介绍到的器件外，本任务的实施还要用频率/转速表、直流稳压电源及双踪示波器。

4. 电容式传感器测量振动的工作原理

当双平行振动梁被低频信号激励时，振动梁振动，信号的频率不同，其起振幅度不同。振动梁在振动的过程中，带动振动台（圆盘）振动，固定好的电容式传感器也随之振动，即产生位移的变化。因此，振动的测量就是一种间接的位移测量。

5. 任务实施步骤

（1）按图 2-5-25 将电容式传感器安装在综合试验台的连桥板上，将传感器引线插入实验模块插座中。

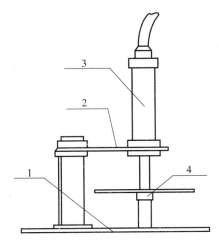

图 2-5-25 安装实验器材

1—工作平台；2—连桥板；3—传感器；4—振动平台

（2）将电容传感器模块的输出 U_o 接相敏检波模块低通滤波器的输入 U_i 端，低通滤波器输出 U_o 接双踪示波器（将相关接线在图 2-5-26 中标示）。调节 R_W 到最大位置（顺时针旋到底），通过"紧定旋钮"使电容传感器的动极板处于中间位置，U_o 输出为 0。

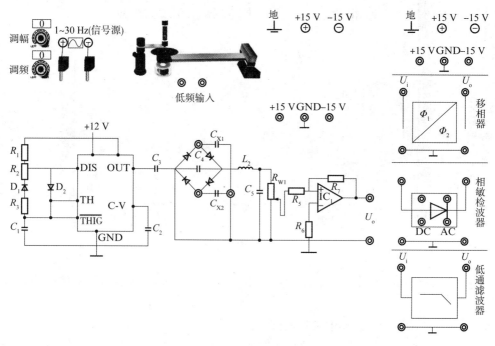

图 2-5-26　实验电路

（3）主控台振荡器"低频输出"与振动台的"低频输入"相连，振动频率选在 10～15 Hz，振动幅度初始调到零（将相关接线在图 2-5-26 中标示）。

问题 1：试讨论此时输出电压波形情况如何？电容器是否开始振动？

（4）将主控台 ±15 V 的电源接入实验模块，检查接线无误后，打开主控台总电源，调节振动源激励信号的幅度，借助双踪示波器观察实验模块输出波形。

问题 2：试讨论此时输出电压波形情况如何？电容器是否开始振动？

（5）保持振荡器"低频输出"的幅度最大，改变振动频率（用频率/转速表测量），借助双踪示波器观察实验模块输出波形。

问题 3：试讨论此时输出电压波形情况如何？电容器是否开始振动？

问题 4：试简述"低频输出"的频率与"幅度"与输出电压波形之间的关系。

问题 5：实验台中振动源的共振频率是＿＿＿＿＿Hz。

6. 数据处理

（1）试在图 2-5-27 中画出在某一特定振幅下不同频率时的输出波形图。

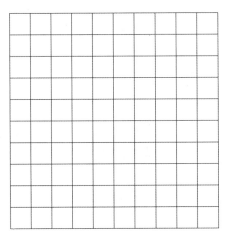

图 2-5-27　绘制波形图

（2）试在图 2-5-28 中画出在某一特定频率下不同振幅时的输出波形图。

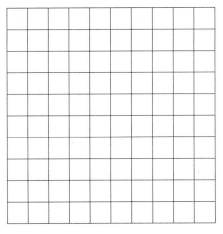

图 2-5-28　绘制波形图

7. 小结

8. 清理工作台面

按规范要求清理工作现场、整理工具。

任务六　使用湿敏传感器

本任务中主要学习湿敏传感器的工作原理、特点、分类及应用，认识实验台中湿敏传感器的外观和结构，会用湿敏传感器进行湿度的测量。

活动1 湿敏传感器概述

湿度是在空气或其他气体中存在的水蒸气，在我们周围的环境中大约有1%的气体是水蒸气。湿敏传感器是一种将检测到的湿度转换为电信号的传感器，它广泛应用在工农业、气象、环保、国防、航空航天等领域。图2-6-1所示为常用的湿敏传感器。

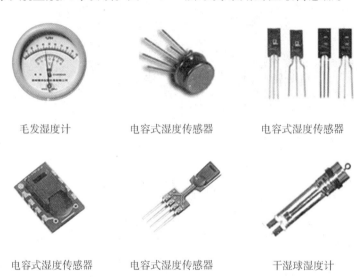

毛发湿度计　　　　　电容式湿度传感器　　　　　电容式湿度传感器

电容式湿度传感器　　　电容式湿度传感器　　　　干湿球湿度计

图2-6-1　湿敏传感器

1. 湿度的基本概念

湿度的检测与控制在现代科研、生产、生活中的地位越来越重要。例如，许多储物仓库在湿度超过某一程度时，物品易发生变质或霉变现象；居室的湿度适中人才会感到舒服。在农业生产中的温室育苗、食用菌培养、水果保鲜等都需要对湿度进行检测和控制。

2. 湿度的测量方法

检测湿度的手段很多，如毛发湿度计、干湿球湿度计、石英振动式湿度计、微波湿度计、电容湿度计、电阻湿度计等。本节主要介绍电容式湿度传感器，也称电容式湿敏传感器。

3. 电容式湿敏传感器的工作原理

用有机高分子材料制成的湿度传感器，主要是利用其吸湿性与胀缩性。某些高分子电介质吸湿后，介电常数明显改变，制成了电容式湿度传感器；某些高分子电解质吸湿后，电阻明显变化，制成了电阻式湿度传感器；利用胀缩性高分子（如树脂）材料和导电粒子，在吸湿之后的开关特性，制成了结露传感器。

高分子薄膜电介质电容式湿度传感器的结构如图2-6-2所示。电容式高分子湿度传感器，其上部多孔质的电极可使水分子透过，水的介电系数比较大，室温时约为79。感湿高分子材料的介电常数并不大，当水分子被高分子薄膜吸附时，介电常数发生变化。随着环境湿度的提高，高分子薄膜吸附的水分子增多，因而湿度传感器的电容量增加，所以根据电容量的变化可测得相对湿度。

电容随着环境温度的增加而增加，基本上呈线性关系。当测试频率为 1.5 MHz 左右时，其输出特性有良好的线性度。对其他测试频率，如 1 kHz、10 kHz，尽管传感器的电容量变化很大，但线性度欠佳。可外接转换电路，使电容-湿度特性趋于理想直线。电容-湿度的特性曲线如图 2-6-3 所示。

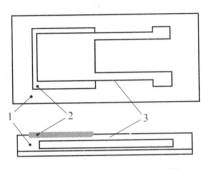

图 2-6-2　电容式湿敏传感器

1—高分子薄膜；2—上部电极；3—下部电极

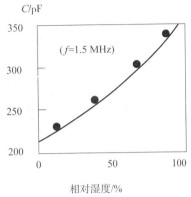

图 2-6-3　电容-湿度特性曲线

4. 湿敏传感器的特点

电容式湿敏传感器具有良好的线性特性，响应时间都很短，一般都小于 5 s，有的响应时间仅为 1 s。电容式高分子膜湿度传感器的感湿特性受温度影响非常小，5 ℃ ~ 50 ℃ 范围内，电容温度系数约为 0.06% RH/℃，并且分辨率较高。

5. 湿敏传感器的应用

湿敏传感器已经广泛地用于工业制造、医疗卫生、林业和畜牧业等各个领域，并可用于生活区的环境条件监控、食品烹调器具和干燥机的控制等。

1）湿敏传感器在微波炉中的应用

在微波炉中，陶瓷湿敏传感器用于监测食品烹制成熟程度。食品原料中含有水分，加热时它们将蒸发成水汽，因此通过测定炉中的湿度可以监控食品的加热程度。微波炉中的湿度变化范围很大，约从百分之几的相对湿度一直到百分之百。同时可以控制微波炉的加热时间在几分钟之内达到 100 ℃ 左右。此外，除了水蒸气，在食物中还有大量不同的有机成分发散到微波炉中。在这种条件下，大多数湿敏传感器无法正常工作，而半导体陶瓷传感器克服了这些难点。

2）露点的检测

水的饱和蒸气压随温度的降低而逐渐下降，在同样的空气水蒸气压下，温度越低，则空气的水蒸气压与同温度下水的饱和蒸气压差值越小。当空气温度下降到某一温度时，空气中的水蒸气压与同温度下水的饱和水蒸气压相等。此时，空气中的水蒸气将凝结成露珠，此时的温度称为空气的露点温度，简称露点。空气中水蒸气压越小，露点越低，因而可用露点表示空气中的湿度。图 2-6-4 为气体结露现象及使用湿敏传感器测量露点的仪器。

当气体结露时……

图 2-6-4　结露及其测量仪器

活动2 任务实施

1. 认识湿敏传感器及湿敏座

本任务中使用到的湿敏传感器如图2-6-5所示，与其配套使用的湿敏座如图2-6-6所示。

图2-6-5 湿敏传感器

图2-6-6 湿敏座

除了湿敏传感器及湿敏座外，本任务的实施还要用到干燥剂及棉球。

2. 湿敏传感器测量湿度的工作原理

湿敏传感器种类较多，根据水分子易于吸附在固体表面渗透到固体内部的这种特性（称水分子亲和力），湿敏传感器可以分为水分子亲和力型和非水分子亲和力型，本实验所采用的属水分子亲和力型中的高分子材料湿敏元件。高分子电容式湿敏元件是利用元件的电容值随湿度变化的原理。具有感湿功能的高分子聚合物，例如，乙酸-丁酸纤维素和乙酸-丙酸比纤维素等，做成薄膜，它们具有迅速吸湿和脱湿的能力，感湿薄膜覆在金箔电极（下电极）上，然后在感湿薄膜上再镀一层多孔金属膜（上电极），这样形成的一个平行板电容器就可以通过测量电容的变化来感觉空气湿度的变化。

3. 任务实施步骤

（1）湿敏传感器实验装置如图2-6-7所示，红色接线端接+5 V电源，黑色接线端接地，蓝色接线端和黑色接线端分别接频率/转速表输入端。频率/转速表选择频率挡。

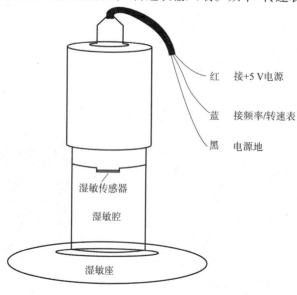

红　接+5 V电源

蓝　接频率/转速表

黑　电源地

湿敏传感器

湿敏腔

湿敏座

图2-6-7 湿敏传感器实验装置

问题 1：此时频率/转速表的读数为_____。

（2）将湿棉球放入湿敏腔内，并插上湿敏传感器探头，观察频率/转速表的变化。

问题 2：此时频率/转速表的读数将_____（增大/减小），读数为_____。

（3）取出湿纱布，待数显表示值下降回复到原始值时，在干湿腔内被放入部分干燥剂，同样将湿度传感器置于湿敏腔孔上，观察数显表头读数变化。

问题 3：此时频率/转速表的读数将_____（增大/减小），读数为_____。

4. 数据处理

（1）输出频率 f 与相对湿度 RH 值对应如下，参考表 2-6-1，计算以上 3 种状态下空气相对湿度。

表 2-6-1　输出频率 f 与相对湿度 RH 值

$RH/\%$	0	10	20	30	40	50	60	70	80	90	100
f/Hz	7 351	7 224	7 100	6 976	6 853	6 728	6 600	6 468	6 330	6 186	6 033

5. 小结
6. 清理工作台面
按规范要求清理工作现场、整理工具。

任务七　使用电感式传感器

本任务中主要学习电感式传感器的工作原理、特点、分类及应用，认识电感传感器的外观和结构，会用电感式传感器中的差动变压器进行位移和振动测量。

活动 1　电感式传感器概述

电感式传感器是利用电磁感应原理将被测非电量转换成线圈自感量或互感量的变化，进而由测量电路转换为电压或电流的变化量。图 2-7-1 所示为常用电感式传感器。

图 2-7-1　常用电感式传感器

1. 电感式传感器的基本原理

电感式传感器是利用电磁感应原理将被测非电量转化成线圈自感量或互感量的变化，进而由测量电路转换为电压或电流变化的一种传感器。电感式传感器的种类很多，一般分为自感式、互感式和电涡流式 3 种。可用来测量位移、压力、流量、振动等非电量信号。

1）自感式传感器的工作原理

自感式传感器的结构如图 2-7-2 所示，它主要由线圈、铁芯、衔铁等组成。工作时，衔铁通过测杆与被测物体相接触，被测物体的位移将引起线圈电感值的变化。当传感器线圈接入一定的测量电路后，电感的变化将转换成电压、电流或频率的变化，完成了非电量到电量的转换。

自感式传感器是把被测量转换成线圈的自感变化的元件，自感量公式为：

$$L = \frac{W^2 \mu_0 \mu_e S_0}{l} \tag{2-7-1}$$

式中　W——线圈匝数；

　　　μ_0——真空磁导率，$\mu_0 = 4\pi \times 10^{-7}\ \mathrm{H/m}$；

　　　μ_e——磁路等效磁导率；

　　　S_0——截面积；

　　　l——磁路长度。

当截面积 S_0、磁路长度 l 变化时，就可以改变电感 L，再通过测量电路就可转换为电量输出。因此，常见的自感式传感器有变气隙式、变面积式与螺管式 3 种类型，如图 2-7-2（a）、（b）、（c）所示。

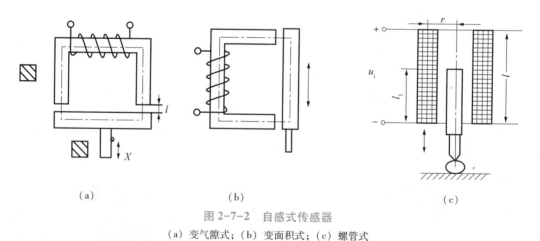

图 2-7-2　自感式传感器
（a）变气隙式；（b）变面积式；（c）螺管式

（1）变气隙式电感式传感器。

变气隙式电感式传感器如图 2-7-2（a）所示，主要由线圈、衔铁、铁芯等部分组成。传感器中有一气隙厚度为 l，它将随被测物体的位移而产生 $\pm\Delta l$ 的变化，由于衔铁与其同步移动，将引起磁路中气隙磁阻发生相应的变化，从而导致线圈电感的变化。

由式（2-7-1）可知，对于变隙式电感传感器，输入与输出是非线性关系，电感量 L 与

气隙厚度 l 成反比，其输出特性曲线如图 2-7-3 所示。为了使电感传感器有较好的线性，必须限制衔铁的位移变化量。一般取衔铁的位移变化量 $\Delta l = （0.1 \sim 0.2）l$，这样，电感与衔铁位移才近似呈线性关系。对于变隙式电感式传感器，l 越小，灵敏度越高。变气隙式电感式传感器只能工作在一段很小的区域，因而只能用于微小位移的测量。

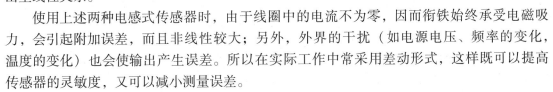

图 2-7-3　L-l 特性曲线

（2）变面积式电感式传感器。

变面积式电感式传感器如图 2-7-2（b）所示，由式（2-7-1）可知，对于变截面式电感传感器，电感量 L 与气隙截面积 S 成正比，输入与输出呈线性关系。

使用上述两种电感式传感器时，由于线圈中的电流不为零，因而衔铁始终承受电磁吸力，会引起附加误差，而且非线性较大；另外，外界的干扰（如电源电压、频率的变化，温度的变化）也会使输出产生误差。所以在实际工作中常采用差动形式，这样既可以提高传感器的灵敏度，又可以减小测量误差。

（3）螺管式电感式传感器。

图 2-7-2（c）为螺管式自感传感器结构原理图。它由平均半径为 r 的螺管线圈、衔铁和磁性套筒等组成。随着衔铁插入深度的不同将引起线圈泄漏路径中磁阻变化，从而使线圈的电感发生变化。

2）差动变压器式传感器

差动变压器式传感器是一种线圈互感随衔铁位移变化而变化的变磁阻式传感器。其原理类似于变压器。不同的是：后者为闭合磁路，前者为开磁路；后者初、次级间的互感为常数，前者初、次级间的互感随衔铁移动而变，且两个次级绕组按差动方式工作，因此又称为差动变压器。它与自感式传感器统称为电感式传感器。差动变压器的结构形式较多，有变气隙式、变面积式与螺管式等，目前应用最广的是螺管式差动变压器，如图 2-7-4 所示。在线框上绕有一组输入线圈（称一次侧线圈）；在同一线框上另绕两组完全对称的线圈（称二次侧线圈），它们反向串联组成差动输出形式。理想差动变压器式传感器的原理如图 2-7-5 所示。

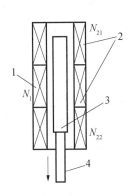

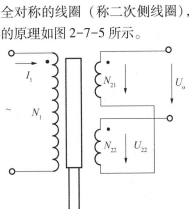

图 2-7-4　差动变压器式传感器结构示意图　　　图 2-7-5　差动变压器式传感器原理图

1——一次侧线圈；2—二次侧线圈；3—衔铁；4—测杆

2. 电感式传感器的特点

电感式传感器结构简单、工作可靠；灵敏度高，能分辨 0.01 μm 的位移变化；测量精度高、零点稳定、输出功率较大；可实现信息的远距离传输、记录、显示和控制，在工业自动控制系统中被广泛采用；主要缺点是灵敏度、线性度和测量范围相互制约；传感器自身频率响应低，不适用于快速动态测量等。

3. 电感式传感器的应用

电感式传感器可直接用于位移测量，也可以测量与位移有关的任何机械量，如振动、加速度、应变等，被广泛应用于纺织、化纤、机床、机械、冶金、机车汽车等行业的链轮齿速度检测，链输送带的速度和距离检测及汽车防护系统的控制等场合。

1）电感式压差计

压差计的工作电路如图 2-7-6 所示，当压差变化时，腔内膜片位移使差动变压器次级电压发生变化，输出与位移成正比，与压差成正比。

2）电感式液位测量

沉筒式液位计将水位变化转换成位移变化，再转换为电感的变化，差动变压器的输出反映液位高低，如图 2-7-7 所示。

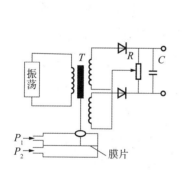

图 2-7-6　压差计电路

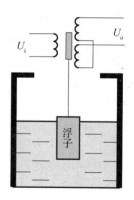

图 2-7-7　液位计示意图

3）电感测厚仪

图 2-7-8 所示为电感测厚仪示意图，图 2-7-9 为其测量电路。

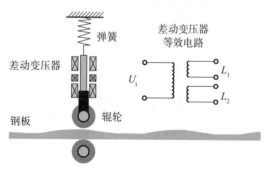

图 2-7-8　电感测厚仪

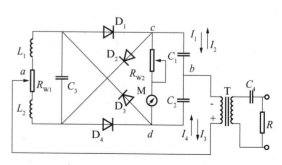

图 2-7-9　电感测厚仪测量电路

在测量电路中，L_1、L_2 传感器作两个桥臂，C_1、C_2 为另外两个桥臂，$D_1 \sim D_4$ 组成相敏整流器，磁饱和变压器 T 提供桥压。被测厚度正常时，$L_1=L_2$，$U_c=U_d$，$I_M=0$；当厚度变化，T 上移，$L_1>L_2$，$Z_1>Z_2$，在正半周（$a+$，$b-$）时，D_1、D_4 导通，$I_1<I_4$；在负半周（$a-$，$b+$）时，D_2、D_3 导通，$I_3<I_2$；无论极性如何始终有 $U_d>U_c$，电流方向向上。若 T 下移，则 $L_1<L_2$，$Z_1<Z_2$，$U_d<U_c$，电流方向向下。可以根据电流的方向测定厚度增加还是减少，由电流的大小测定厚度变化大小。

4）电感式加速度传感器

图 2-7-10 为差动变压器式加速度传感器示意图，它由悬臂梁和差动变压器构成。测量时，将悬臂梁底座及差动变压器的线圈骨架固定，而将衔铁的下端与被测振动体相连。此时传感器作为加速度测量中的惯性元件，它的位移与被测加速度成正比，使加速度测量转变为位移的测量。当被测体带动衔铁振动时，差动变压器的输出电压也按相同规律变化。

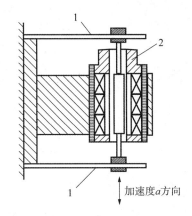

图 2-7-10　差动变压器式加速度传感器
1—悬臂梁；2—差动变压器

活动 2　任务实施

（一）差动变压器性能检测

1. 认识差动变压器、测微头及其实验模块

本任务中使用的差动变压器如图 2-7-11 所示，测微头（千分尺）如图 2-7-12 所示，差动变压器实验模块如图 2-7-13 所示。

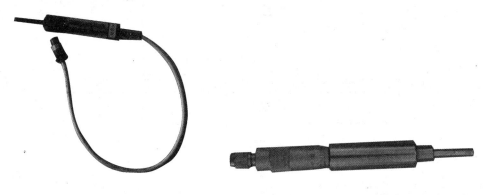

图 2-7-11　差动变压器　　　　　　　　　图 2-7-12　测微头

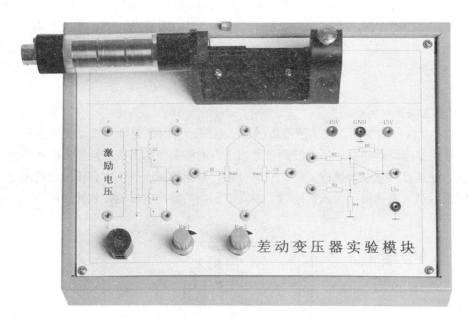

图 2-7-13　差动变压器实验模块

本任务的实施除了使用差动变压器、测微头、差动变压器实验模块外，还要用到双踪示波器、直流电源及音频信号振荡器。

2. 差动变压器性能检测的工作原理

差动变压器由一只初级线圈和两只次级线圈及一个铁芯组成。铁芯连接被测物体，移动线圈中的铁芯，由于初级线圈和次级线圈之间的互感发生变化促使次级线圈的感应电动势发生变化，一只次级感应电动势增加，另一只感应电动势则减小，将两只次级线圈反向串接（同名端连接）引出差动输出。输出的变化反映了被测物体的移动量。

3. 任务实施步骤

（1）根据图 2-7-14 将差动变压器安装在差动变压器实验模块上。

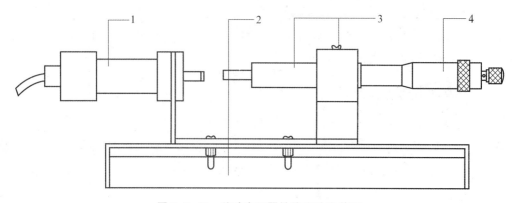

图 2-7-14　差动变压器性能实验安装图

1—差动变压器、电容传感器；2—模板；3—测量架；4—测微头

（2）连接实验台上的±15 V 电源线和地线。将差动变压器实验模块中 1、2 端接音频信

号，音频信号由振荡器"0^0"输出。3、4端为差动变压器输出，接差动变压器模块上的 R_2、R_3处，对差动变压器输出进行放大后，U_o连接双踪示波器。

问题1：请在图2-7-15中将相关接线完成。

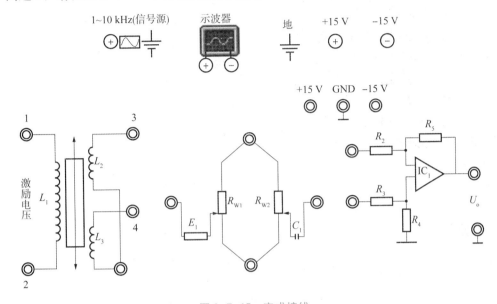

图2-7-15　完成接线

（3）打开主控台电源，调节音频信号的频率和幅度（用示波器监测），使输出信号频率为4~5 kHz，幅度为$V_{p-p}=2$ V。

（4）旋动测微头，观测输出电压波形，这时可以左右位移，假设其中一个方向为正位移，另一个方向称为负位移。

问题2：试简述随差动变压器位移量的变化与输出电压波形之间的关系。

4. 数据处理

试在图2-7-16中画出在不同位移时的输出波形图，并说明位移变化时的波形变化。

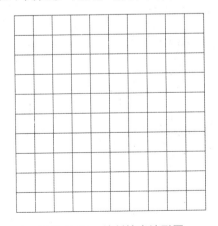

图2-7-16　绘制输出波形图

5. 小结

6. 清理工作台面

按规范要求清理工作现场、整理工具。

（二）差动变压器测量振动

1. 认识任务实施中的相关设备

本任务实施中用到的相关设备同"差动变压器性能检测"。

2. 差动变压器测量振动的工作原理

利用差动变压器测量动态参数与测量位移的原理相同，不同的是输出为调制信号，需要经过检波才能观测到动态参数。

3. 任务实施步骤

（1）将差动变压器按图2-7-17安装在三源板的振动源单元上。

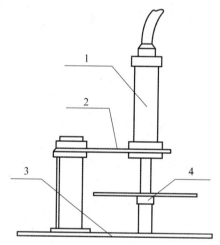

图2-7-17　差动变压器振动实验安装图

1—传感器；2—连桥板；3—工作平台；4—振动平台

（2）连接实验台上±15 V电源线和地线，按图2-7-18完成差动变压器输入输出及中间环节连线，低通滤波器连接双踪示波器。

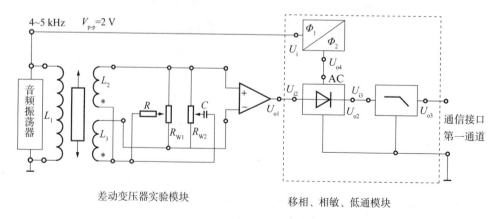

图2-7-18　差动变压器振动测量电路

问题1：请在图2-7-19中将相关接线完成。

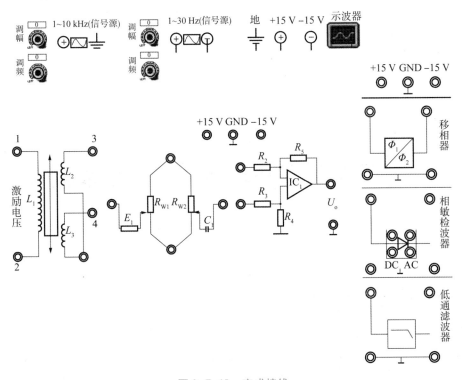

图2-7-19 完成接线

（3）连接"音频振荡器"1~10 kHz信号源到激励电压1、2端，调节幅度旋钮使峰值为2 V，调节频率旋钮至某一值，观察低通滤波器输出电压波形。

问题2：调节幅度和频率，观察波形有何变化？

（4）仔细调节R_{W1}和R_{W2}使低通滤波器输出波形幅值更小，基本为零点。

（5）将"低频输出"1~30 Hz信号接到振动源，调节幅度、频率按钮，使振动平台振荡较为明显，观察此时波形。

问题3：记录振动源产生共振时的频率为_____Hz。

（6）保持频率不变，改变振荡器的幅度，观察波形。

问题4：此时波形有何变化？

（7）保持幅度不变，改变振荡器的频率，观察波形。

问题5：此时波形有何变化？

4. 数据处理

（1）请画出步骤（5）中的波形图。

（2）若没有接相敏检波模块，则波形如何？

5. 小结

6. 清理工作台面

按规范要求清理工作现场、整理工具。

任务八　使用电涡流式传感器

本任务中主要学习电涡流式传感器的工作原理、特点及应用，认识电涡流式传感器的外观和结构，会用电涡流式传感器进行位移特性的测试。

活动1　电涡流式传感器概述

电涡流式传感器是利用电涡流效应进行工作的，它实质上也是通过改变磁场强度来感受被测量的。由于结构简单、灵敏度高、频响范围宽、不受油污等介质的影响，并能进行非接触测量，适用范围广。目前，这种传感器已广泛用来测量位移、振动、厚度、转速、温度、硬度等参数，以及用于无损探伤领域。

1. 电涡流式传感器的基本原理

金属导体置于变化的磁场中，导体内就会有感应电流产生，这种电流的流线在金属体内自行闭合，通常称为电涡流。电涡流的产生必然要消耗一部分磁场能量，从而使激励线圈的阻抗发生变化。电涡流式传感器就是基于这种涡流效应制成的。

电涡流式传感器的基本原理示意图如图 2-8-1 所示。有一通以交变电流 $\dot{I}_1$ 的传感器线圈，由于电流 $\dot{I}_1$ 的存在，线圈周围就产生一个交变磁场 H_1。若被测导体置于该磁场范围内，导体内便产生电涡流 $\dot{I}_2$，$\dot{I}_2$ 也将产生一个新磁场 H_2，H_2 与 H_1 方向相反，力图削弱原磁场 H_1，从而导致线圈的电感、阻抗和品质因数发生变化。这些参数变化与导体的几何形状、电导率、磁导率、线圈的几何参数、电流的频率以及线圈到被测导体间的距离有关。如果控制上述参数中一个参数改变，其余皆不变，就能构成测量该参数的传感器。

将被测导体上形成的电涡流等效为一个短路环中的电流。这样，线圈与被测导体便等效为相互耦合的两个线圈，如图 2-8-2 所示。设线圈的电阻为 R_1，电感为 L_1，阻抗为 $Z_1 = R_1 + j\omega L_1$；短路环的电阻为 R_2，电感为 L_2；线圈与短路环之间的互感系数为 M，M 随它们之间的距离 X 减小而增大。经推导，电涡流线圈受被测金属导体影响后的等效阻抗可表示为式（2-8-1）：

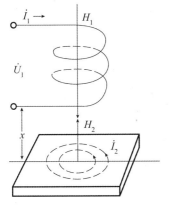

图 2-8-1 电涡流式传感器基本原理示意图

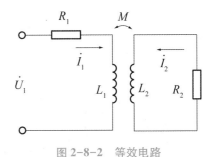

图 2-8-2 等效电路

$$Z = \frac{\dot{U}_1}{\dot{I}_1} = R_1 + R_2 \frac{\omega^2 M^2}{R_2^2 + (\omega L_2)^2} + j\left[\omega L_1 - \omega L_2 \frac{\omega^2 M^2}{R_2^2 + (\omega L_2)^2}\right] = R + j\omega L \qquad (2-8-1)$$

式中　R——电涡流线圈工作时的等效电阻；

　　　L——电涡流线圈工作时的等效电感。

从式（2-8-1）可知，等效电阻、等效电感都是此系统互感系数平方的函数，因此只有当测距范围较小时，才能保证一定的线性度。

2. 电涡流式传感器的特点

电涡流式传感器由于结构简单、灵敏度高、频响范围宽、不受油污等介质的影响，并能进行非接触测量，适用范围比较广泛。

3. 电涡流式传感器的应用

电涡流式传感器由于结构简单，又可实现非接触测量，因此得到广泛的应用，可以用来测量位移动、厚度、转速、温度、硬度等参数，以及用于无损探伤领域。

1）电涡流式传感器测量位移

电涡流式传感器可以用来测量各种形状条件的位移量。如汽轮机主轴的轴向位移、磨床换向阀及先导阀的轴位移和金属试件的热膨胀系数等，测量位移范围可以从 0~1 mm 到 0~30 mm，分辨率为满量程的 0.1%。

2）电涡流式接近开关

电涡流式接近开关属于一种有开关量输出的位置传感器，它由 LC 高频振荡器和放大处理电路组成，利用金属物体在接近这个能产生电磁场的振荡感应头时，使物体内部产生涡流。这个涡流反作用于接近开关，使接近开关振荡能力衰减，内部电路的参数发生变化，由此识别出有无金属物体接近，进而控制开关的通或断。这种接近开关所能检测的物体必须是金属物体。

电涡流式传感器可用来测量各种形状金属导体试件的位移量。如汽轮机主轴的轴向位移，提升机盘式闸瓦间隙、液压先导阀的位移和金属试件的热膨胀系数等。测量位移范围可以从 0~22 mm，分辨率为 0.1 μm。

电涡流式传感器可以对各种振动的振幅频谱分布进行无接触地测量，可以进行金属元件合格检验，金属元件计数，轴的位移和径向、轴向振动的测量，磨床的精密定位等。

3）电涡流式传感器转速测量

图2-8-3为电涡流式传感器用于测量旋转体转速示意图。在旋转体上开一条或数条槽或做成齿状，旁边安装一个电涡流式传感器，当转轴转动时，传感器再周期地改变与转轴边界之间的距离，于是它的输出也周期性地发生变化。此输出信号经放大、变换后，可以用频率计测出其变化频率，从而测出转轴的转速。若转轴上开 Z 个槽，频率计的读数为 f（单位为 Hz），则转轴的转速 n（单位为 r/min）的数值方程为：

$$n = 60\,(f/Z)$$

利用电涡流式传感器还可以检查金属表面裂纹、热处理裂纹及焊接处的缺陷等。在探伤时，传感器应与被测导体保持距离不变。检测时，由于裂陷出现，将引起导体电导率、磁导率的变化，即引起涡流损耗改变，引起输出电压的突变，以此检查出金属材料的缺陷。

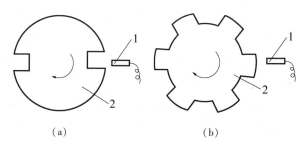

图2-8-3　电涡流式传感器用于测量转速

（a）旋转体上开2个槽；（b）旋转体上开6个槽

1—传感器；2—试件

此外，电涡流式传感器还可以探测金属表面温度、表面粗糙度、硬度，进行尺寸检测等，同时也可以制成开关量输出的检测元件，例如应用较广的有接近开关及用于金属零件的计数等。

4）电涡流式金属探测器

图2-8-4为电涡流式金属探测器。电涡流式金属探测器一般由振荡器、开关电路及放大输出电路组成，首先由振荡器产生一个交变磁场，当金属目标接近这一磁场，并达到感应距离后，会在金属目标内产生涡流，从而导致产生的振荡衰减，甚至停振。振荡器振荡及停振的变化被后级放大电路处理并转换成开关信号，触发驱动控制器件，因此达到了非接触式检测金属的目的。常用于工厂流水线金属部件检测以及机场、火车站安检等。

图2-8-4　电涡流式金属探测器

活动 2　任务实施

（一）电涡流式传感器测量位移

1. 认识电涡流式变压器及其配套的实验模块

本任务中使用的电涡流式传感器如图 2-8-5 所示，与其配套的实验模块如图 2-8-6 所示。

图 2-8-5　电涡流式传感器

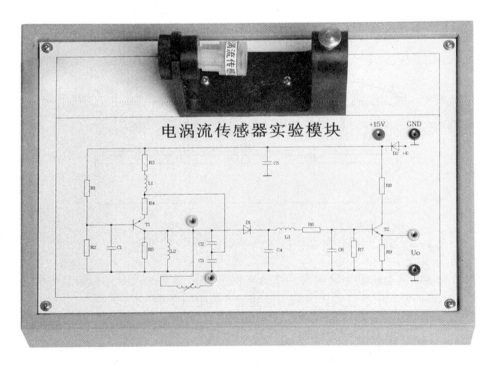

图 2-8-6　电涡流传感器实验模块

此外，本任务的实施还要用到铁质金属圆盘（如图 2-8-7 所示）、测微头、直流稳压电源及数显直流电压表。

图 2-8-7　铁质金属圆盘

2. 电涡流式传感器测量位移的工作原理

通过高频电流的线圈产生磁场，当有导电体接近时，因导电体涡流效应产生涡流损耗，而涡流损耗与导电体离线圈的距离有关，因此可以进行位移测量。

3. 任务实施步骤

（1）按图 2-8-8 安装电涡流式传感器。

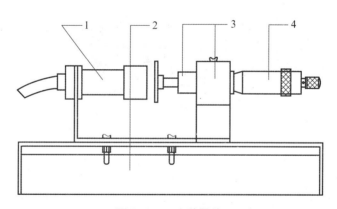

图 2-8-8　安装器件

1—电涡流式传感器；2—模板；3—测量架；4—测微头

（2）微头端部装上铁质金属圆盘，作为电涡流式传感器的被测体。调节测微头，使铁质金属圆盘的平面贴到电涡流式传感器的探测端，固定测微头。

（3）传感器连接按图 2-8-9，将电涡流式传感器连接线接到模块上标有"〰〰"的两端，实验模块输出端 U_o 与数显单元输入端 U_i 相接。数显表量程切换开关选择电压 20 V 挡，模块电源用连接导线从主控台接入+15 V 电源。

问题 1：请在图 2-8-9 中完成相关接线。

（4）利用主控台电源开关，记下数显表读数，然后每隔 0.2 mm 读一个数，直到输出几乎不变为止。将结果列入表 2-8-1。

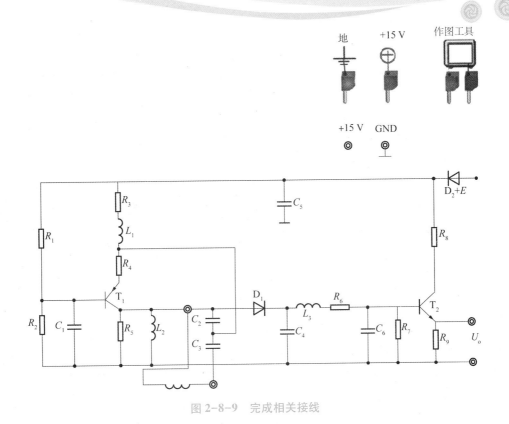

图 2-8-9　完成相关接线

表 2-8-1　记录实验数据

X/mm								
U_o/V								

问题2：随着位移量的增大，输出电压 U_o＿＿＿＿（增大/减小）。

4. 数据处理

（1）根据表2-8-1测量数据，绘出 U-X 曲线，并计算非线性误差及灵敏度。

5. 小结

6. 清理工作台面

按规范要求清理工作现场、整理工具。

（二）被测体材质、面积大小对电涡流式传感器的特性影响检测

1. 认识不同材质、面积的被测体

本任务的实施中除了使用电涡流式传感器，还要用到4个材质不同、面积大小不同的金属帽，如图2-8-10所示。

图 2-8-10　金属帽

2. 被测体材质、面积大小对电涡流式传感器的特性影响

涡流效应与金属导体本身的电阻率和磁导率有关，因此不同的材料就会有不同的性能。在实际应用中，由于被测体的材料、形状和大小不同会导致被测体上涡流效应的不充分，会减弱甚至不产生涡流效应，因此影响电涡流式传感器的静态特性，所以在实际测量中，往往必须针对具体的被测体进行静态特性标定。

3. 任务实施步骤

（1）将电涡流式传感器安装到电涡流式传感器实验模块上。

（2）重复电涡流位移特性实验的步骤，将铁质金属圆盘分别换成铜质金属圆盘和铝质金属圆盘。将实验资料分别记入下面表 2-8-2、表 2-8-3 中。

表 2-8-2　铜质被测体

X/mm										
U/V										

表 2-8-3　铝质被测体

X/mm										
U/V										

（3）重复电涡流位移特性实验的步骤，将被测体换成比上述金属圆片面积更小的被测体，将实验资料记入表 2-8-4 中。

表 2-8-4　小直径的铝质被测体

X/mm								
U/V								

讨论：试讨论位移量 X 与输出电压值 U 之间的关系特性。

4. 数据处理

（1）根据表 2-8-2 测量数据，绘出 U-X 曲线，并计算非线性误差及灵敏度。

（2）根据表 2-8-3 测量数据，绘出 U-X 曲线，并计算非线性误差及灵敏度。

5. 小结

6. 清理工作台面

按规范要求清理工作现场、整理工具。

拓展知识

1. 电阻应变式传感器的测量电路

电阻应变式传感器的测量精度不仅由应变片的材料决定，而且同应变片的粘贴工艺等有关。常用应变片的阻值较小，所以电阻的变化范围很小，一般在 $0.5\ \Omega$ 以下。如何能测量出这样小的电阻变化，选择测量电路很重要。通常我们采用电桥电路。图 2-8-11 所示是直流电桥电路。为了使电桥在测量前的输出电压为零，应该选择电桥 4 个臂上的电阻，使 $R_1 R_4 = R_2 R_3$ 或 $R_1 / R_2 = R_3 / R_4$。

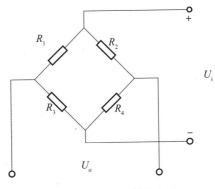

图 2-8-11　桥式转换电路

电桥电路的相关知识已在项目一中介绍，这里不再赘述。

2. 热电阻的测量电路

用热电阻传感器进行测温时，测量电路经常采用电桥电路。热电阻与检测仪表相隔一段距离，因此热电阻的引线对测量结果有较大的影响。热电阻内部引线方式有二线制、三线制和四线制 3 种，如图 2-8-12 所示。

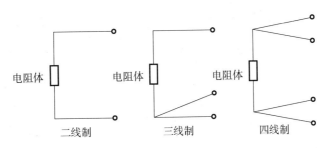

图 2-8-12　热电阻内部引线方式

1）二线制

二线制引线方式简单、费用低，但是引线电阻以及引线电阻的变化会带来附加误差。二线制适于引线不长、测温精度要求较低的场合。

2）三线制

三线制的连接方式如图 2-8-13 所示。三线制主要用于工业测量，精度比二线制高。

3）四线制

四线制的连接方式如图 2-8-14 所示，四线制主要用于高精度的实验室测量。

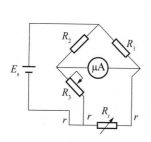

图 2-8-13　三线制连接

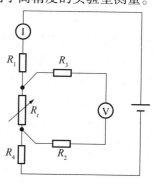

图 2-8-14　四线制连接

3. 压阻式传感器的测量电路及温度补偿

压阻式传感器的测量电路主要是电桥电路，但是由于制造、温度影响等原因，电桥存在失调、零位温漂、灵敏度温度系数和非线性等问题，影响传感器的准确性。为了减少与补偿误差，常采用以下两种电路。

1）恒流源供电电桥

恒流源供电电桥如图 2-8-15 所示，电桥的输出电压与电阻变化成正比，与恒流源电流成正比，但与温度无关，因此测量不受温度的影响。

2）温度漂移及其补偿

当温度变化时，电桥电路将引起零漂和灵敏度漂移，常用图 2-8-16 的电路进行补偿。其中串联电阻 R_S 起调零作用，并联电阻 R_W 起补偿作用。

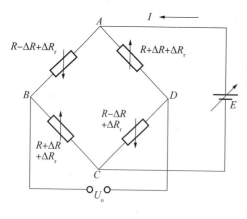

图 2-8-15

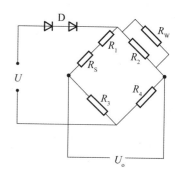

图 2-8-16

4. 气敏传感器的基本测量电路

气敏传感器的基本测量电路如图 2-8-17 所示。图中 E_H 为加热电源，E_C 为测量电源，电阻中气敏电阻值的变化引起电路中电流的变化，输出电压（信号电压）由电阻 R_0 上取出。特别在低浓度下灵敏度高，而高浓度下趋于稳定值。因此，常用来检查可燃性气体泄漏并报警等。

5. 电容式传感器的测量电路

用于电容式传感器的测量电路有电桥电路、调频电路、双 T 电桥电路、运算放大器测量电路、脉冲调宽电路、谐振电路等。

1）普通交流电桥电路

图 2-8-18 所示为普通交流电桥电路。这种测量电路要求提供幅度和频率很稳定的交流电源，电桥放大器的输入阻抗很高、一般要求交流电源的频率为被测信号最高频率的 5~10 倍。

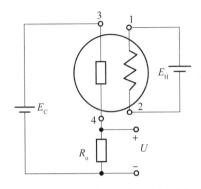

图 2-8-17　气敏传感器的基本测量电路

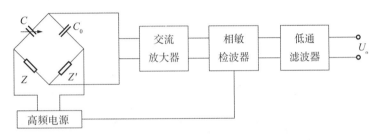

图 2-8-18　普通交流电桥电路

2）调频电路

图 2-8-19 所示为调频电路。该电路输出信号为数字信号，因此可直接用数字仪表或计算机接口输出。

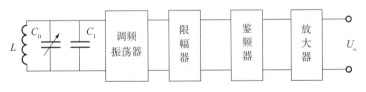

图 2-8-19　调频电路

3）双 T 电桥电路

图 2-8-20 所示为双 T 电桥电路。该电路的灵敏度与电源频率有关，因此电源频率需要稳定。它可以用做动态测量。

4）运算放大器式测量电路

图 2-8-21 所示为运算放大器式测量电路。该电路的最大特点是能够克服变极距型电容式传感器的非线性。

6. 陶瓷湿敏传感器

陶瓷湿敏传感器是利用半导体陶瓷材料制成。该湿敏传感器的感湿体是 $MgCr_2O_4\text{-}TiO_2$，系多孔陶瓷。这种多孔陶瓷的气孔大部分为粒间气孔，气孔直径随 TiO_2 添加量的增加而增

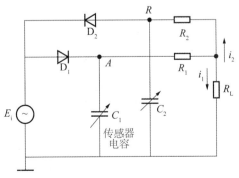

图 2-8-20　双 T 电桥电路

大。粒间气孔与颗粒大小无关，相当于一种开口毛细管，容易吸附水分。材料的主晶相是 $MgCr_2O_4$ 相，此外，还有 TiO_2 相等，感湿体是一个多晶多相的混合物。陶瓷湿敏传感器的结构如图 2-8-22 所示。

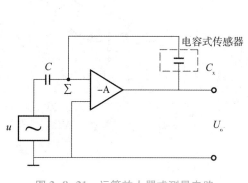

图 2-8-21　运算放大器式测量电路

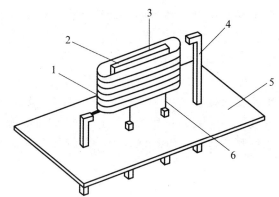

图 2-8-22　陶瓷湿敏传感器

1—加热线圈；2—湿敏陶瓷片；3—金属电板；
4—固定端子；5—陶瓷基片；6—引线

$MgCr_2O_4$-TiO_2 系陶瓷湿敏传感器的电阻-湿度特性，随着相对湿度的增加，电阻值急骤下降，基本按指数规律下降。在单对数的坐标中，电阻-湿度特性近似呈线性关系。当相对湿度由 0 变为 $100\%RH$ 时，阻值从 107 Ω 下降到 104 Ω，即变化了 3 个数量级，因此测量电路中应由对数压缩电路。

7. 电感式传感器的测量电路

差动整流电路是差动变压器式传感器常用的测量电路。图 2-8-23 是常用的几种典型电路。差动整流是把差动变压器两个次级线圈所感应的电动势分别整流，然后再将整流后的电流（或电压）串联成通路后差动输出。电位器 R 用于调整零点残余电压。

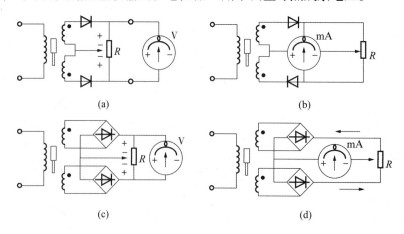

图 2-8-23　差动整流电路

（a）半波电压；（b）半波电流；（c）全波电压；（d）全波电流

由于整流电路采用差动输出，如果是电压输出，则次级两绕组在其上产生的电压极性相反，如图 2-8-23（a）和图 2-8-23（c）的 R 所示极性。如果是电流输出，则次级两绕组通过电流表的电流方向是相反的。所以电压表（或电流表）始终指示两个电压（或电流）的代数和，当衔铁位于中间位置（零点）处，电表指示为零，衔铁上下移动时，电表指针将向正或向负方向偏移。由于这种差动整流电路的结构简单，因此获得广泛应用。

8. 电涡流式传感器

电涡流式传感器测量的基本原理是当传感器的线圈与被测体之间的距离发生变化时，将引起线圈的等效阻抗变化，也是 Z、L、Q 都是位移的单值函数。因此，测量电路的任务就将 Z、L、Q 转换为有用的电压或电流的变化。相应地将有 3 种测量电路：阻抗测量电路、Q 值测量电路、电感测量电路。

1）阻抗测量电路（Z 值测试法）

当位移发生变化时，直接检测线圈的阻抗值的变化，通常采用电桥法测量，如图 2-8-24所示。

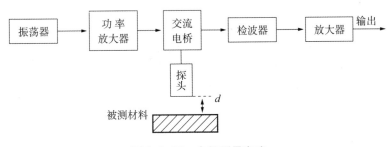

图 2-8-24　电桥测量电路

振荡器产生的高频振荡电流经过功率放大器放大后送给交流电桥，当位移发生变化时，将使线圈阻抗变化，从而破坏电桥平衡，电桥不平衡电压信号输出，经过放大、检波以后，其输出信号就反映了被测量的变化。

2）调幅测试电路（Q 值测试法）

如图 2-8-25 所示，将传感器线圈接入电容三点式振荡器的振荡回路中，在无被测体时，设回路谐振频率为 f_0，此时输出电压即为谐振电压。当被测体接近传感线圈时，线圈的阻抗随之变化，不但振荡器的谐振频率发生变化，其振荡幅度也发生变化，即谐振曲线不但向两边移，而且变得平坦，此时振荡器输出的频率和幅值都发生了变化，我们取其输出电压为输出，它直接反映了 Q 值的变化，也就反映了位移量的变化。

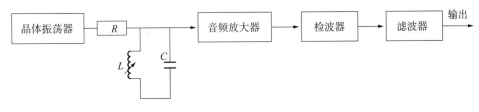

图 2-8-25　调幅测试电路

3）调频测试电路（电感法）

如图 2-8-26 所示，将传感线圈接入振荡回路，当位移变化时，传感线圈的 L 相应地也发生变化，从而引起振荡器振荡频率的变化，通过 f-U 转换器进行解调，将频率的变化转换为电压的变化。但由于频率与位移之间的非线性特性，还需加线性化器矫正其非线性特性。该测量电路在减小温度对灵敏度的影响上明显优于 Z 值测试法和 Q 值测试法。

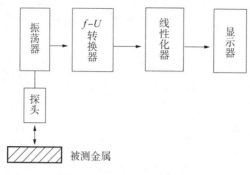

图 2-8-26　调频测试电路

思考与练习

1. 什么是电阻式传感器？电阻式传感器有什么特点？

2. 电阻式传感器的基本结构有哪几部分？各部分的作用是什么？

3. 电阻应变式传感器的工作原理是什么？常用的测量电路有哪些？各有什么特点？

4. 应变片测量传感器基本原理是什么？

5. 金属丝式应变片由哪几部分组成？对敏感栅的材料的要求是什么？

6. 金属箔式应变片和丝式应变片应用特点的区别有哪些？

7. 电阻应变片式传感器有哪些方面的应用？

8. 热电阻传感器基本原理是什么？主要由哪些材料构成？

9. 热电阻传感器有哪几种？各有何特点及用途？

10. 热敏电阻分成哪几类？各有什么特点？

11. 什么是压阻式传感器？它有什么特点？

12. 压阻式传感器有几种类型？其基本原理是什么？主要材料是什么？

13. 什么是压阻效应？它和应变效应有何不同？

14. 压阻式传感器主要有什么应用？试举例说明。

15. 什么是气敏传感器？它有什么特点？

16. 常用的气敏传感器主要有哪几类？其基本原理是什么？

17. 气敏传感器主要有什么应用？试举例说明。

18. 电容式传感器的基本原理是什么？有什么特点？

19. 电容式传感器根据原理可分几类？各有什么应用特点？

20. 举例说明电容式传感器在工业中的各种应用。

21. 什么是绝对湿度？什么是相对湿度？检测湿度的手段主要有哪些？

22. 电容式湿度传感器的工作原理是什么？有什么特点？

23. 电容式湿度传感器主要有哪些应用？

24. 电感式传感器根据原理可分几类？电感式传感器基本原理是什么？

25. 电感传感器有什么特点？

26. 举例说明电感式传感器在工业中的各种应用？

27. 差动变压器传感器的工作原理是什么？请画出差动变压器的等效电路图。

28. 电涡流式传感器的基本原理是什么？它有什么特点？

29. 电涡流式传感器主要有哪些应用？请举例说明。

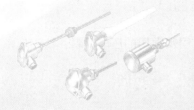

项目三

发电传感器的使用

本项目主要介绍常用的发电传感器。通过学习，可以知道各种常用的压电式传感器、磁电式传感器、光电式传感器、热电偶传感器及霍尔式传感器的基本结构、工作过程及应用特点，并能根据工程要求正确选择安装和使用。

【学习目标】

能力目标

（1）会正确操作传感器与检测技术综合试验台。

（2）能够按照电路要求对压电式传感器、磁电式传感器、光电式传感器、热电偶传感器及霍尔式传感器模块进行正确接线，并且会使用万用表检测电路。

（3）会利用系统软件或示波器进行波形观察。

（4）会对实验数据进行分析。

（5）按操作规程进行操作。

（6）完成报告。

知识目标

（1）压电式传感器、磁电式传感器、光电式传感器、热电偶传感器及霍尔式传感器的工作原理及其特点。

（2）压电式传感器、磁电式传感器、光电式传感器、热电偶传感器及霍尔式传感器的测量电路。

（3）压电式传感器、磁电式传感器、光电式传感器、热电偶传感器及霍尔式传感器的分类及其应用。

任务一 使用压电式传感器

本任务中主要学习压电式传感器的工作原理、特点、应用及常用的压电材料，认识压电式传感器的外观和结构，会用压电式传感器进行振动的测量。

活动1 压电式传感器概述

压电式传感器是以某些电介质的压电效应为基础，在外力作用下，在电介质的表面上产生电荷，从而实现非电量测量。压电式传感器的敏感元件是力敏元件，所以它能测量最终能变换为力的那些物理量，例如力、压力、加速度等，图3-1-1所示为常用的压电式传感器。

图3-1-1 常用的压电式传感器

1. 压电式传感器的基本原理

某些电介质在沿一定方向上受到外力的作用而变形时，其内部会产生极化现象，同时在它的两个相对表面上出现正负相反的电荷。当外力去掉后，它又会恢复到不带电的状态，这种现象称为正压电效应。当作用力的方向改变时，电荷的极性也随之改变。相反，当在电介质的极化方向上施加电场，这些电介质也会发生变形，电场去掉后，电介质的变形随之消失，这种现象称为逆压电效应，或称为电致伸缩现象。压电效应的示意图如图3-1-2所示，压电效应的可逆如图3-1-3所示。压电式传感器就是利用压电材料的压电效应制成的传感器，所以其常用的基本测量电路是电荷放大器。

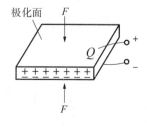

图3-1-2 压电效应

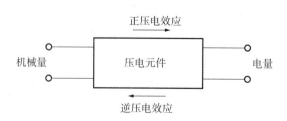

图3-1-3 压电效应的可逆性

2. 压电式传感器的特点

目前，压电式传感器应用最多的仍是测力，尤其是对冲击、振动和加速度的测量。迄今在众多形式的测振传感器中，压电加速度传感器占 80% 以上。这种传感器具有灵敏度和分辨率高，线性范围大，结构简单、牢固，可靠性好，寿命长；体积小，质量轻，刚度、强度、承载能力和测量范围大，动态响应频带宽，动态误差小；易于大量生产，便于选用，使用和校准方便，并适用于近测、遥测、动态力测量、冲击力和短时间作用的静态力测量等的特点。利用压电陶瓷的逆压电效应来实现微位移，可不必像传统的传动系统那样，须通过机械传动机构把转动变为直线运动，从而避免了机构造成的误差，而且具有位移分辨力极高（可达 10^{-5} μm 级），发热少，无杂散磁场等特点。基于逆压电效应的超声波发生器（换能器）是超声检测技术及仪器的关键器件。此外，逆压电效应还可作力和运动（位移、速度、加速度）发生器——压电驱动器。压电式传感器的缺点是某些压电材料需要防潮措施，而且输出的直流响应差，需要采用高输入阻抗电路或电荷放大器来克服这一缺陷。

3. 常用的压电材料

在自然界中大多数晶体都具有压电效应，但压电效应十分微弱。常用的压电材料有压电晶体、压电陶瓷、新型压电材料等。

1）压电晶体

石英晶体是一种具有良好压电特性的压电晶体，如图 3-1-4 所示。其介电常数和压电系数的温度稳定性相当好，在常温范围内这两个参数几乎不随温度变化。石英晶体的突出优点是性能非常稳定，机械强度高，绝缘性能也相当好。但石英材料价格昂贵，且压电系数比压电陶瓷低得多。因此一般仅用于标准仪器或要求较高的传感器中。因为石英是一种各向异性晶体，因此，按不同方向切割的晶片，其物理性质（如弹性、压电效应、温度特性等）相差很大，在设计石英传感器时，应根据不同使用要求正确地选择石英片的切型。

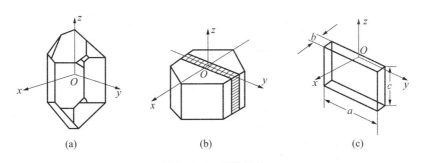

图 3-1-4　石英晶体

（a）晶体外形；（b）切割方向；（c）晶片

实验表明，石英晶体沿 x、y 轴方向上受力，有压电效应，而在 z 方向上无任何压电效应。

2）压电陶瓷

压电陶瓷是一种经极化处理后的人工多晶铁电体。所谓"多晶"，是指它由无数细微的单晶组成；所谓"铁电体"，是指它具有类似铁磁材料磁畴的"电畴"结构。每个单晶形成一单个电畴，无数单晶电畴的无规则排列，致使原始的压电陶瓷呈现各向同性，而不具有压电性，如图 3-1-5（a）所示。要使之具有压电性，必须做极化处理，即在一定温度下对其施加强直流电场，迫使"电畴"趋向外电场方向做规则排列，如图 3-1-5（b）所示；极化电场去除后，趋向电畴基本保持不变，形成很强的剩余极化，从而呈现出压电性，如图 3-1-5（c）所示。

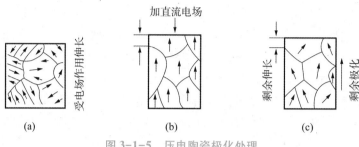

图 3-1-5　压电陶瓷极化处理

（a）极化前；（b）极化；（c）极化后

压电陶瓷具有压电常数大，灵敏度高；制造工艺成熟，可通过合理配方和掺杂等人工控制来达到所要求的性能；成形工艺性也好，成本低廉，利于广泛应用等特点。压电陶瓷除有压电性外，还具有热释电性，因此它可制作热电传感器件而用于红外探测器中。但作压电器件应用时，这会给压电传感器造成热干扰，降低稳定性。所以，对高稳定性的传感器，压电陶瓷的应用受到限制。

3）新型压电材料

新型压电材料可分为压电半导体和有机高分子压电材料两种。硫化锌（ZnS）、碲化镉（CeTe）、氧化锌（ZnO）、硫化镉（CdS）等压电半导体材料显著的特点是：既具有压电特性又具有半导体特性。因此既可用其压电性研制传感器，又可用其半导体特性制作电子器件。也可以两者合一，集元件与线路于一体，研制成新型集成压电传感器测试系统。

有机高分子压电材料是一种柔软的压电材料，主要包括：某些合成高分子聚合物，经延展拉伸和电极化后具有压电性的高分子压电薄膜，如聚氟乙烯（PVF）；以及高分子化合物中掺杂压电陶瓷 PZT 或 $BaTiO_3$ 粉末制成的高分子压电薄膜等。它们可根据需要制成薄膜或电缆套管等形状，经极化处理后就显现出电压特性。具有不易破碎、防水性、可以大量连续拉制等特点。在一些不要求测量精度的场合，例如水声测量、防盗、振动测量等领域中获得应用。

4. 压电式传感器的应用

压电式传感器可以直接用于测力或测量与力有关的压力、位移、振动加速度等。

1）压电式压力传感器

根据使用要求不同，压电式测压传感器有各种不同的结构形式。按弹性敏感元件和受力机构的形式可分为膜片式和活塞式两类。

图 3-1-6 所示为膜片式测压传感器简图。它由引线、壳体、基座、压电晶片、受压膜片及导电片组成。压电元件支撑于壳体上，当膜片 5 受到压力 P 作用后，则在压电晶片 4 上产生电荷，此电荷经电荷放大器和测量电路放大和变换阻抗后就成为正比于被测压力的电信号。这种传感器的特点是体积小、动态特性好、耐高温等。

2）压电式加速度传感器

压电式加速度传感器的结构一般有纵向效应型、横向效应型和剪切效应型 3 种。纵向效应是最常见的，如图 3-1-7 所示。压电陶瓷 4 和质量块 2 为环形，通过螺母 3 对质量块预先加载，使之压紧在压电陶瓷上。测量时，将传感器基座 5 与被测对象牢牢地紧固在一起。输出信号由电极 1 引出。

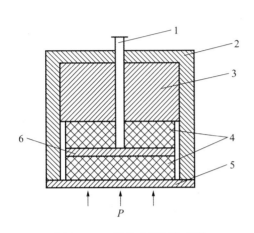

图 3-1-6　膜片式测压传感器

1—引线；2—壳体；3—基座；

4—压电晶片；5—受压膜片；6—导电片

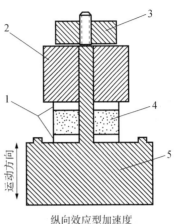

纵向效应型加速度

图 3-1-7　压电式加速度传感器

1—电极；2—质量块；3—螺母；

4—压电陶瓷；5—基座

当传感器感受振动时，因为质量块相对被测体质量较小，因此质量块感受与传感器基座相同的振动，并受到与加速度方向相反的惯性力，此力为 $F=ma$。同时惯性力作用在压电陶瓷片上产生电荷。传感器输出的电荷与加速度成正比，因此，测出加速度传感器的输出电荷便可知加速度的大小。

3）压电式测力传感器

图 3-1-8 所示为压电式测力传感器简图。图中两片电荷极性相反的压电片安装在钢壳中。压电片之间的导电片为一电极，钢壳为另一电极。作用力 F 通过上盖均匀地传递到压电片时，两电极即产生电势差。这种传感器具有轻巧、频率响应范围宽等特点，适用于测量动态力、冲击力和短时间作用的静态力等。该传感器输出信号小和输出阻抗高，所以一般利用前置放大器把传感器

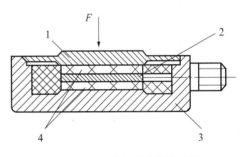

图 3-1-8　压电式测力传感器

1—上盖；2—导电片；3—钢壳；4—压电片

输出信号放大，并将传感器的高阻抗输出变换为低阻抗输出，其测量上限值为数千至数百万牛顿。

4）压电式流量计

图 3-1-9 所示为压电式流量计示意图。它利用超声波在顺流方向和逆流方向的传播速度进行测量。其测量装置是在管外设置两个相隔一定距离的收发两用压电超声换能器，每隔一段时间（如 1/100 s），发射和接收互换一次。在顺流和逆流的情况下，发射和接收的相位差与流速成正比。根据这个关系，可精确测定流速，流速与管道横截面积的乘积就等于流量。此流量计可测量各种液体的流速，以及中压和低压气体的流速，且不受该流体的导电

率、黏度、密度、腐蚀性以及成分的影响，其准确度可达0.5%，有的可达到0.01%。

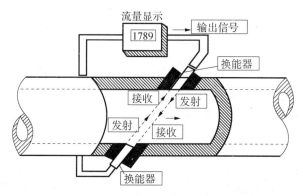

图3-1-9　压电式流量计

5）集成压电式传感器

集成压电式传感器是一种高性能、低成本动态微压传感器。它采用压电薄膜作为换能材料，动态压力信号通过薄膜变成电荷量，再经传感器内部放大电路转换成电压输出。该传感器具有灵敏度高、抗过载及冲击能力强、抗干扰性好、操作简便、体积小、质量轻、成本低等特点，广泛应用于医疗、工业控制、交通、安全防卫等领域。图3-1-10所示脉搏计就是集成压电式传感器在医疗领域的应用。

图3-1-10　脉搏计中用到的压电式传感器

活动2　任务实施

1. 认识压电式传感器及其配套的实验模块

本任务中使用的压电式传感器如图3-1-11所示，与其配套的实验模块如图3-1-12所示。

图3-1-11　压电式传感器

本任务中除了使用压电式传感器、压电式传感器实验模块外，还要用到振动源、低频振荡器及移相检波模块。

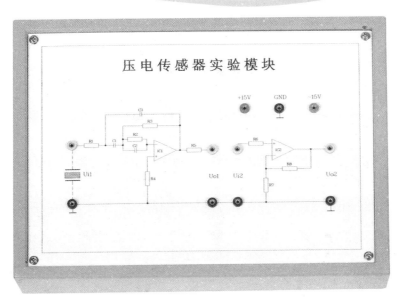

图 3-1-12　压电传感器实验模块

2. 压电式传感器测量振动的工作原理

压电式传感器由惯性质量块和压电陶瓷片等组成（观察实验用压电式加速度计结构），工作时传感器感受与试件相同频率的振动，质量块便有正比于加速度的交变力作用在压电陶瓷片上，由于压电效应，压电陶瓷产生正比于运动加速度的表面电荷。

3. 任务实施步骤

（1）将压电式传感器安装在振动梁的圆盘上。

（2）连接实验台上的±15 V 电源线和地线。连接低通模块±15 V 电源线和地线。

问题1：请在图 3-1-13 中正确接线。

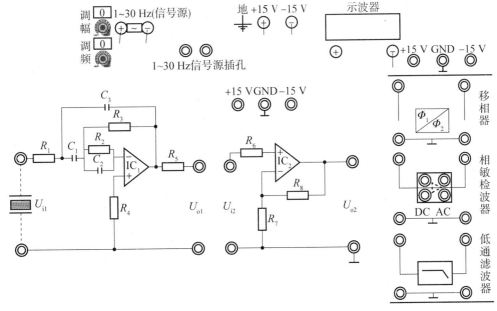

图 3-1-13　接线电路

（3）按图 3-1-14 接线，完成电路内部接线。并将低通滤波器输出端接外部数据采集部分。

压电传感器实验模块

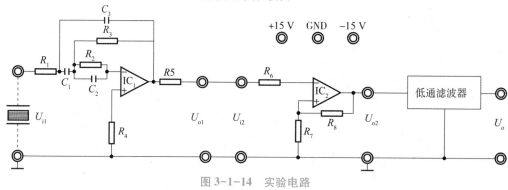

图 3-1-14　实验电路

问题 2：请在图 3-1-13 中正确接线。

（4）将振荡器的"低频输出"接到三源板的"低频输入"，合上主控台电源开关。

问题 3：请在图 3-1-13 中正确接线。

（5）将压电传感器的输出端接到压电传感器模块的输入端 U_i，观察输出波形 U_o 的变化。

问题 4：此时，U_o 波形是怎样的？

（6）将"低频输出"幅度设在某一特定值，改变其频率，观察波形变化。

问题 5：此时，U_o 波形是怎样的？

（7）将"低频输出"频率设在某一特定值，改变其幅度，观察波形变化。

问题 6：此时，U_o 波形是怎样的？

4. 数据处理

（1）请在同一坐标系中画出同一频率下，不同幅度时的波形图。

（2）请在同一坐标系中画出同一幅度下，不同频率时的波形图。对比后，得出结论。

5. 小结

6. 清理工作台面

按规范要求清理工作现场、整理工具。

任务二　使用磁电式传感器

本任务中主要学习磁电式传感器的工作原理、特点及应用，认识实验台中磁电式传感器的外观和结构，会用磁电式传感器进行转速测量。

活动1　磁电式传感器概述

磁电式传感器是可以将各种磁场及其变化的量转变成电信号输出的装置。自然界和人类社会生活的许多地方都存在磁场或与磁场相关的信息。利用人工设置的永久磁体产生的磁场，可作为许多种信息的载体。因此，探测、采集、存储、转换、复现和监控各种磁场和磁场中承载的各种信息的任务，自然就落在磁电式传感器身上。常用的磁电式传感器如图3-2-1所示。

图3-2-1　常用的磁电式传感器

1. 磁电式传感器的基本原理

磁电式传感器是基于电磁感应原理，将被测量（如振动、位移、转速等）转换成感应电动势的传感器。它不需要辅助电源，就能把被测对象的机械能转换成易于测量的电信号，是一种有源传感器，有时也称作电动式传感器或感应式传感器。

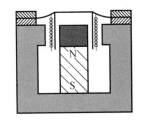

图3-2-2　电磁感应

如图3-2-2所示，根据电磁感应定律，当 W 匝线圈和条形磁铁做相对运动时，设穿过线圈的磁通为 Φ，则线圈内的感应电势 e 与磁通变化率 $\mathrm{d}\Phi/\mathrm{d}t$ 关系见式（3-2-1）：

$$e = -W\frac{\mathrm{d}\Phi}{\mathrm{d}t} \tag{3-2-1}$$

根据这一原理，可以设计成变磁通式和恒磁通式两种结构形式，构成测量线速度或角速度的磁电式传感器。图3-2-3所示为分别用于旋转角速度及振动速度测量的变磁通式结构。其中永久磁铁1（俗称"磁钢"）与线圈4均固定，动铁芯3（衔铁）的运动使气隙5和磁路磁阻 2 变化，引起磁通变化而在线圈中产生感应电势，因此又称变磁阻式结构。

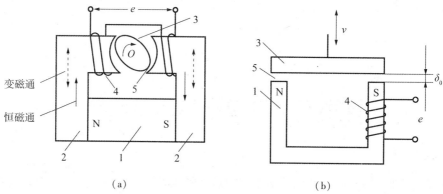

图 3-2-3　变磁通式结构

（a）旋转型（变磁阻）；（b）平移型（变气隙）

1—永久磁铁；2—磁路磁阻；3—动铁芯；4—线圈；5—气隙

如果以运动的速度来表示，经推导直线运动和旋转运动磁电式传感器的感应电动势 e 的大小可以写成式（3-2-2）：

$$e = Blv$$
$$e = BS\omega \qquad\qquad (3\text{-}2\text{-}2)$$

式中　B——磁场气隙磁感应强度，T（特斯拉）（1 T = 1 Wb/m²）；

　　　l——线圈导线的总长度，m；

　　　v——线圈和磁铁间相对直线运动的线速度，m/s；

　　　S——线圈所包围的面积，m²；

　　　ω——线圈和磁铁间的相对旋转运动的角速度，rad/s；

当传感器的结构确定后，式（3-2-2）中 B、l、ω 都为常数，感应电势 e 仅与相对速度 v 有关。

2. 磁电式传感器的特点

由于磁电式传感器是利用电磁感应原理，将输入运动速度变换成感应电势输出的传感器，所以只适合进行动态测量。由于它有较大的输出功率，故配用电路较简单；零位及性能稳定；工作频带一般为 10～1 000 Hz。磁电式传感器具有双向转换特性，利用其逆转换效应可构成力（矩）发生器和电磁激振器等。

3. 磁电式传感器的应用

1）磁电式传感器测量振动

磁电式传感器主要用于振动测量。其中惯性式传感器不需要静止的基座作为参考基准，它直接安装在振动体上进行测量，因而在地面振动测量及机载振动监视系统中获得了广泛的应用。如航空发动机，各种大型电机，空气压缩机，机床，车辆，轨枕振动台，化工设备，各种水，气管道，桥梁，高层建筑等，其振动监测与研究都可使用磁电式传感器。

2）磁电式力发生器与激振器

磁电式传感器具有双向转换特性，其逆向功能同样可以利用。如果给速度传感器的线圈输入电量，那么其输出量即为机械量。

在惯性仪器——陀螺仪与加速度计中广泛应用的动圈式或动铁式直流力矩器就是上述速度传感器的逆向应用。它在机械结构的动态实验中是非常重要的设备，用以获取机械结构的动态参数，如共振频率、刚度、阻尼、振动部件的振型等。

3）磁电式传感器测量转速

图 3-2-4 为变磁阻式磁电传感器的典型结构图，其中永久磁铁和线圈均固定，动铁芯（齿轮转子）的运动使气隙和磁路磁阻变化，引起磁通变化而在线圈中产生感应电势。当齿轮的转动轴旋转时，每转过一个齿牙时，在线圈中就感应一个电势脉冲。如果将单位时间内的脉冲数除以齿数，则表示该旋转轴的转速。由于这种磁电式传感器对转轴有一定的阻力矩，并且低速时其输出信号较小，故不适应于低转速。

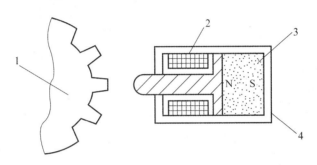

图 3-2-4　变磁阻式磁电式传感器的典型结构
1—齿形圆盘；2—线圈；3—永久磁铁；4—铁芯

4）磁电式传感器测量扭矩

磁电式传感器测量扭矩的示意图如图 3-2-5 所示，当扭矩作用在扭转轴上时，两个磁电式传感器输出的感应电压 u_1 和 u_2 存在相位差。这个相位差与扭转轴的扭转角成正比。这样传感器就可以把扭矩引起的扭转角转换成相位差的电信号，通过测量相位差就可以得到扭矩。

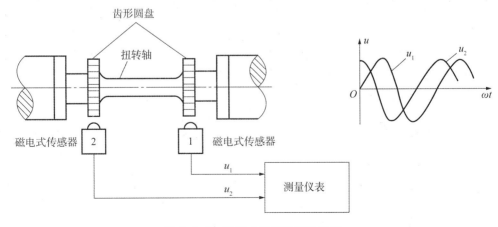

图 3-2-5　磁电式传感器测量扭矩

活动 2　任务实施

1. 认识实验台中的磁敏式传感器

本任务中用到的磁敏式传感器如图 3-2-6 所示。

除了磁敏式传感器外，本任务的实施还要用到转动源、直流稳压电源、频率/转速表及双踪示波器。

2. 磁电式传感器测量转速的工作原理

磁电式传感器是以电磁感应原理为基础，根据电磁感应定律，线圈两端的感应电动势正比于线圈所包围的磁通对时间的变化率，即：

$$e = -\frac{\mathrm{d}\varPhi}{\mathrm{d}t} = -W\frac{\mathrm{d}\varPhi}{\mathrm{d}t}$$

图 3-2-6　磁敏式传感器

式中　W——线圈匝数；

$\varPhi$——线圈所包围的磁通量。

若线圈相对磁场运动速度为 v 或角速度，则上式可改为：

$$e = -WBlv \text{ 或者 } e = -WBS$$

式中　l——每匝线圈的平均长度；

B——线圈所在磁场的磁感应强度；

S——每匝线圈的平均截面积。

3. 任务实施步骤

（1）按图 3-2-7 安装磁电感应式传感器。传感器底部距离转动源 4~5 mm（目测），磁电式传感器的两根输出线接到频率/转速表，并接到双踪示波器观察输出电压波形。

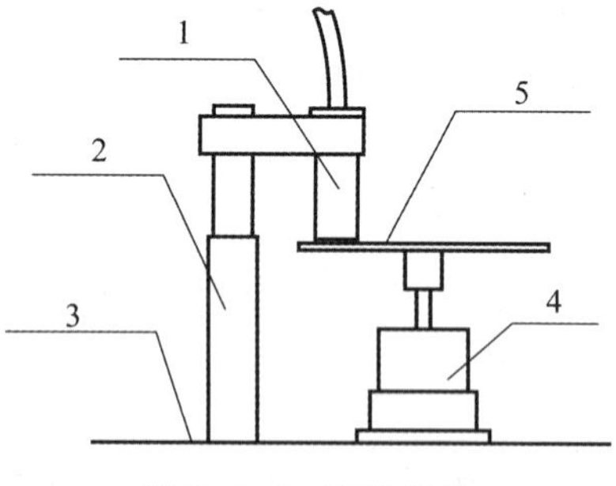

（2）打开实验台电源，选择不同电源 +4 V、+6 V、+8 V、+10 V、12 V（±6 V）、16 V（±8 V）、20 V（±10 V）、24 V 驱动转动源（注意正负极，否则烧坏电机），可以观察到转动源转速的变化，待转速稳定后，记录对应的转速于表 3-2-1 中，并用示波器观测磁电式传感器输出的波形。

图 3-2-7　安装器件

1—传感器；2—支持架；3—工作平台；4—电机；5—转盘

问题：电压越大，转动越_____（快/慢），频率/转速表读数越_____（大/小）。

表 3-2-1　记录数据

电压/V	+4	+6	+8	+10	12	16	20	24
转速/rpm								

4. 数据处理

根据记录的驱动电压和转速，作 U-rpm 曲线，并求出其非线性误差及灵敏度。

5. 小结

6. 清理工作台面

按规范要求清理工作现场、整理工具。

　使用霍尔式传感器

本任务中主要学习霍尔式传感器的工作原理、特点、分类及应用，认识实验台中霍尔式传感器的外观和结构，会用霍尔式传感器进行转速、振动的测量。

活动1　霍尔式传感器概述

霍尔式传感器是一种磁敏传感器，即对磁场参量（B，H，Φ）敏感的元器件或装置，它是利用半导体材料的霍尔效应进行测量的传感器。图 3-3-1 所示为常用霍尔式传感器。

图 3-3-1　常见霍尔式传感器

1. 霍尔式传感器的工作原理

霍尔式传感器是利用霍尔效应进行工作的。图 3-3-2（a）所示为霍尔效应原理图。一块长 L、宽 W、厚 d 的半导体，在外加磁场 B 的作用下，当有电流 I 流过时（磁场与电流的方向相垂直），运动电子受洛仑兹力的作用偏向一侧（图中"-"侧），使该侧形成电子的积累，与它对立的侧面由于减少了电子浓度，出现了正电荷。这样，在两侧面间就形成了一个电场。运动电子在受洛仑兹力的同时，又受电场力的作用，最后当这两个作用力相等时，电子的积累达到动态平衡，这时两侧之间建立的电场，称霍尔电场，相应的电压为霍尔电压 U_H，上述的现象称为霍尔效应。经分析和推导，霍尔电压 U_H 为：

$$U_H = \frac{IB}{ned} = K_H IB$$

式中　n——半导体单位体积中的载流子；

　　　e——电子电量；

　　　K_H——霍尔元件灵敏度。

由此可知，在垂直于电流和磁场方向的霍尔电压 U_H 的大小正比于控制电流 I 和磁感应强度 B，当控制电流（或磁场）的方向或大小改变时，霍尔电压也发生改变。

利用霍尔效应做成的器件称为霍尔元件，图形符号如图 3-3-2（b）所示。霍尔元件一般采用具有 N 型的锗、锑化铟和砷化铟等半导体单晶材料制成。将霍尔元件、放大器、温度补偿器电路、输出电路及稳压电源等集成在一块芯片上称为霍尔集成电路，目前使用的霍尔传感器基本上是霍尔集成电路。

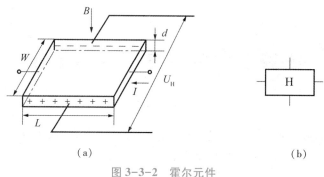

（a）   （b）

图 3-3-2　霍尔元件
（a）霍尔效应原理图；（b）图形符号

2. 霍尔式传感器的特点

无摩擦热，噪声小；装置性能稳定，寿命长，可靠性高；频率范围宽，从直流到微波范围均可应用；霍尔式传感器件载流子惯性小，装置动态特性好等。由于霍尔式传感器具有这些优点，故广泛应用于位移、磁场、电子记数、转速等参数的测控系统中。但霍尔式传感器件也存在转换效率低和受温度影响大等明显缺点，随新材料新工艺不断出现，这些缺点正逐步得到克服。

3. 霍尔式传感器的分类

霍尔式传感器可以分为霍尔非线性（开关型）传感器和线性集成传感器两类。

1）霍尔非线性传感器

霍尔非线性（开关型）集成传感器能感知一切与磁信息有关的物理量，并以开关信号形式输出。霍尔开关集成传感器具有使用寿命长、无触点磨损、无火花干扰、无转换抖动、工作频率高、温度特性好、能适应恶劣环境等优点。

2）霍尔线性集成传感器

霍尔线性集成传感器的输出电压与外加磁场成线性比例关系。这类传感器一般由霍尔元件和放大器组成，当外加磁场时，霍尔元件产生与磁场成线性比例变化的霍尔电压，经放大器放大后输出。

4. 霍尔式传感器的应用

霍尔式传感器可用于测转速、流量、流速、位移，可利用它制成高斯计、电流计和转速计。

1）高斯计

高斯计是用来测量在空间一点的静态或动态（交流）磁感应强度的仪表，图 3-3-3 所示为高斯计实物和原理图。由图 3-3-3（b）可知，将霍尔元件垂直置于磁场 B 中，输入恒定的控制电流 I，则霍尔输出电压 U_H 正比于 H 磁感应强度 B，此方法可以测量恒定或交变磁场的高斯数。

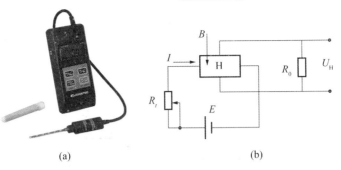

(a)　　　　　　　　　　　　　　　(b)

图 3-3-3　高斯计

（a）高斯计实物；（b）高斯计原理图

使用高斯计在测量空间磁感应强度时，应将霍尔式传感器的有效作用点垂直于被测量的空间位置的磁力线方向。在测量材料表面磁感应强度时，应将霍尔式传感器的有效作用点垂直于材料的磁力线方向且紧密接触被测材料表面，高斯计的数字显示值即为被测材料表面磁场的大小。

2）电流计

图 3-3-4 为电流计示意图，将霍尔元件垂直置于磁环开口气隙中，让载流导体穿过磁环，由于磁环气隙的磁感应强度 B 与待测电流 I 成正比，当霍尔元件控制电流 I_H 一定时，霍尔输出电压 U_H 就正比于待测电流 I，这种非接触检测安全简便，适用于高压线电流检测。

3）转速计

图 3-3-5 所示为转速计示意图，将霍尔元件放在旋转盘的下边，让转盘上磁铁形成的磁力线垂直穿过霍尔元件；当控制电流 I 一定时，霍尔输出电压 U_H 决定于磁铁的磁场，通过计数电路，确定其单位时间脉冲个数，就可得到转速。

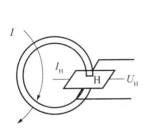　　　　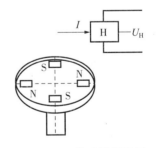

图 3-3-4　电流计示意图　　　　图 3-3-5　转速计示意图

4）霍尔式位移传感器

图 3-3-6 所示为霍尔式位移传感器，图 3-3-7 所示为霍尔传感器测位移示意图。当被测量物体在一定范围内移动时，若保持霍尔元件的控制电流恒定，而使霍尔元件在一个均匀梯度的磁场中移动，则霍尔输出电压 U_H 与位移量呈线性关系，即 $U_H = kX$，如图3-3-8所示。这种传感器的磁场梯度越大，灵敏度越高；磁场梯度越均匀，输出线性度就越好。为了得到均匀的磁场梯度，往往将磁钢的磁极片设计成特殊形状。霍尔式位移传感器可用来测量 ±0.5 mm 的小位移，特别适用于微位移、机械振动等测量。

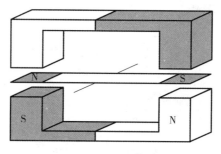

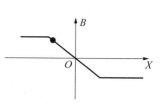

图 3-3-6　霍尔式位移传感器　　　图 3-3-7　测位移示意图　　　图 3-3-8　线性关系

活动2　任务实施

（一）霍尔式传感器测量转速

1. 认识实验台中的霍尔式传感器

霍尔式传感器已安装于转动源的支架上，且霍尔组件正对着转盘上的磁钢，如图 3-3-9 所示。

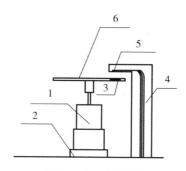

图 3-3-9　安装器件

1—电机；2—工件平台；3—磁钢；4—支架；5—霍尔元件；6—转盘

除了转动源上的霍尔式传感器外，本任务的实施还要用到直流稳压电源、转动源、频率/转速表及双踪示波器。

2. 霍尔式传感器测量转速的工作原理

利用霍尔效应：$U_H = K_H IB$，当被测圆盘上装上 N 只磁性体时，转盘每转一周磁场变化 N 次，每转一周霍尔电势就同频率相应变化，输出电势通过放大、整形和计数电路就可以测出被测旋转物的转速。

3. 任务实施步骤

（1）将 +5 V 电源及地线接到三源板上"霍尔"端，"霍尔"输出接到频率/转速表（切换到测转速位置），并将霍尔输出接到双踪示波器。

问题 1：请在图 3-3-10 中完成接线。

（2）将"2~24 V"直流稳压电源接到"转动源"的"转动电源"输入端。

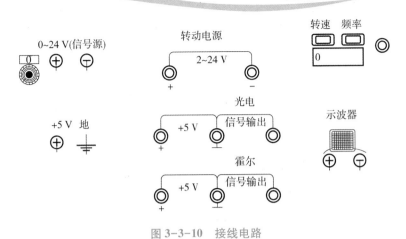

图 3-3-10   接线电路

问题 2：请在图 3-3-10 中完成接线。

（3）打开电源开关，调节"2~24 V"电压输出，观察转动源转速变化，并通过示波器观察波形变化，记录频率/转速表的读数于表 3-3-1 中。

问题 3：当直流电压增大时，转速将_____，波形将_____（拉宽/压缩），说明其频率f_____。

表 3-3-1   记录数据

电压/V					
转速/(r·min⁻¹)					
频率/Hz					

4. 数据处理

（1）请在同一个坐标图中画出不同电压时的脉冲波形图。

（2）验证转速与频率之间的关系是否和理论计算一致。

5. 小结

6. 清理工作台面

按规范要求清理工作现场、整理工具。

（二）霍尔式传感器测量位移

1. 认识试验台中的霍尔式传感器及其配套的实验模块

本任务中用到的霍尔式传感器及其配套的实验模块如图 3-3-11、图 3-3-12 所示。

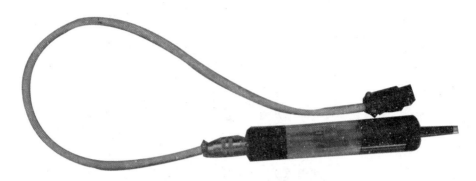

图 3-3-11　霍尔式传感器

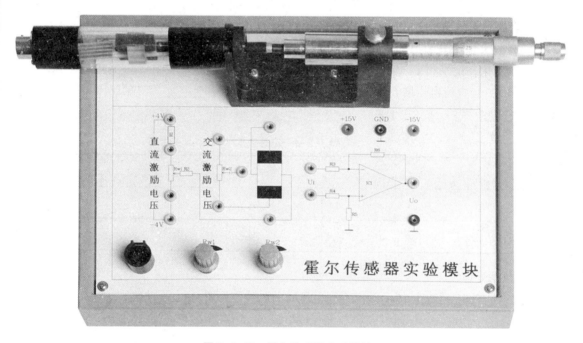

图 3-3-12　霍尔传感器实验模块

除了上述两个器件外，本任务的实施还要用到测微头、直流稳压电源及数字电压表。

2. 霍尔式传感器测量位移的工作原理

根据霍尔效应，霍尔电势 $U_H = K_H IB$，其中 K_H 为灵敏度系数，由霍尔材料的物理性质决定，当通过霍尔组件的电流 I 一定，霍尔组件在一个梯度磁场中运动时，就可以用来进行位移测量。

3. 任务实施步骤

（1）将霍尔式传感器安装到霍尔传感器模块上，传感器引线接到霍尔传感器模块9芯航空插座，将±15 V 电源及地线接到实验模块上，按图 3-3-13 接线。

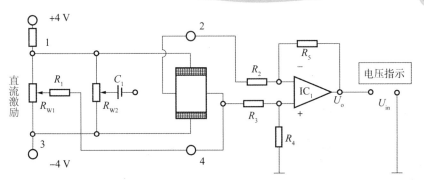

图 3-3-13　接线电路

问题 1：请将相应的连线在图 3-3-14 中标出。

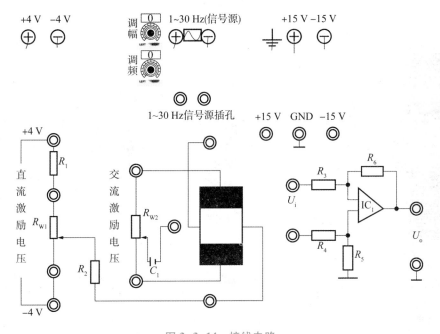

图 3-3-14　接线电路

（3）开启电源，直流数显电压表选择"2 V"挡，将测微头的起始位置调到"10 mm"处，手动调节测微头的位置，先使霍尔片大概在磁钢的中间位置（数显表大致为 0），固定测微头，再调节 R_{W1} 使数显表显示为零。

（4）分别向左、右不同方向旋动测微头，每隔 0.2 mm 记下一个读数，直到读数近似不变，将读数填入表 3-3-2 中。

表 3-3-2　记录数据

X/mm													
U/mV													

4. 数据处理

（1）作出 U-X 曲线，并计算灵敏度和非线性误差。

121

5. 小结

6. 清理工作台面

按规范要求清理工作现场、整理工具。

任务四　使用光电式传感器

本任务中主要学习光电式传感器的工作原理、特点、分类及应用，认识实验台中的光电式传感器，会用光电式传感器进行转速的测量。

活动1　光电式传感器概述

光电式传感器是以光电元件作为转化元件，可以将被测的非电量通过光量的变化再转化成电量的传感器。图3-4-1所示为常见光电式传感器。

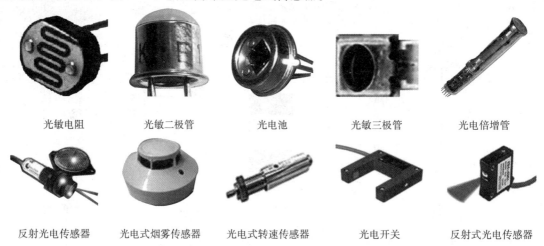

| 光敏电阻 | 光敏二极管 | 光电池 | 光敏三极管 | 光电倍增管 |

| 反射光电传感器 | 光电式烟雾传感器 | 光电式转速传感器 | 光电开关 | 反射式光电传感器 |

图3-4-1　常见的光电式传感器

1. 光电式传感器的工作原理

光电式传感器的物理基础是光电效应。光电效应是指金属或半导体等材料在光照下释放电子的现象，通常可分为外光电效应、内光电效应等类型。

1）外光电效应

在光线的作用下，物体内的电子逸出物体表面向外发射的现象称为外光电效应。向外发射的电子叫做光电子。基于外光电效应的光电器件有光电管、光电倍增管等。

2）内光电效应

当光照射在物体上，使物体的电阻率 ρ 发生变化，或产生光生电动势的现象叫做内光电效应，它多发生于半导体内。根据工作原理的不同，内光电效应分为光电导效应（在光线的作用下，物体的导电性能发生变化）和光生伏特效应（在光线的作用下，物体产生一定方向的电动势）两类。

（1）光电导效应：在光线作用下，电子吸收光子能量从键合状态过渡到自由状态，而引起材料电导率的变化，这种现象被称为光电导效应。基于这种效应的光电器件有光敏电阻。

（2）光生伏特效应：在光线作用下能够使物体产生一定方向的电动势的现象叫做光生伏特效应。基于该效应的光电器件有光电池和光敏二极管、三极管。

2. 光电元件及特性

1）光电管

光电管种类很多，它是装有光阴极和阳极的真空玻璃管，结构如图 3-4-2 所示。图 3-4-3 阳极通过 R_L 与电源连接在管内形成电场。光电管的阴极受到适当的照射后便发射光电子，这些光电子在电场作用下被具有一定电位的阳极吸引，在光电管内形成空间电子流。电阻 R_L 上产生的电压降正比于空间电流，其值与照射在光电管阴极上的光成函数关系。如果在玻璃管内充入惰性气体（如氩、氖等）即构成充气光电管。由于光电子流对惰性气体进行轰击，使其电离，产生更多的自由电子，从而提高光电变换的灵敏度。

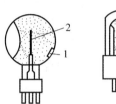
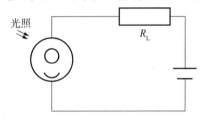

图 3-4-2　光电管
1—阴极；2—阳极

图 3-4-3　光电管受光照发射电子

2）光敏电阻

光敏电阻是一种电阻器件，其结构与接线图如图 3-4-4 所示。使用时，可加直流偏压（无固定极性）或加交流电压。光敏电阻中光电导作用的强弱是用其电阻的相对变化来标志的。

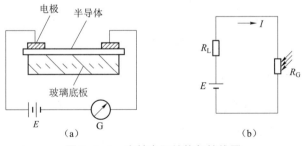

图 3-4-4　光敏电阻结构与接线图

3）光敏二极管

PN 结可以光电导效应工作，也可以光生伏特效应工作。如图 3-4-5（a）所示，处于反向偏置的 PN 结，在无光照时具有高阻特性，反向暗电流很小。当光照时，结区产生电子-空穴对，在结电场作用下，电子向 N 区运动，空穴向 P 区运动，形成光电流，方向与反向电流一致。光的照度越大，光电流越大。由于无光照时的反偏电流很小，一般为纳安数量

123

级，因此光照时的反向电流基本上与光强成正比。光敏二极管工作电路如图 3-4-5（b）所示。

3）光敏三极管

光敏三极管可以看成是一个 bc 结为光敏二极管的三极管。其原理和等效电路见图 3-4-6。在光照作用下，光敏二极管将光信号转换成电流信号，该电流信号被晶体三极管放大。显然，在晶体管增益为 β 时，光敏三极管的光电流要比相应的光敏二极管大 β 倍。

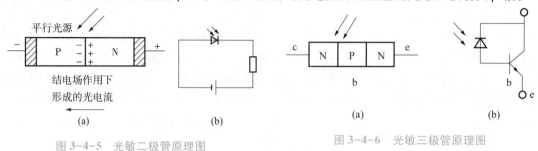

图 3-4-5　光敏二极管原理图　　　　　　　图 3-4-6　光敏三极管原理图

（a）原理图；（b）等效电路图　　　　　　　（a）原理图；（b）等效电路图

光敏二极管和三极管均用硅或锗制成。由于硅器件暗电流小、温度系数小，又便于用平面工艺大量生产，尺寸易于精确控制，因此硅光敏器件比锗光敏器件更为普通。

4）光电池

光电池与外电路的连接方式有两种，如图 3-4-7 所示。一种是把 PN 结的两端通过外导线短接，形成流过外电路的电流，这个电流称为光电池的输出短路电流，其大小与光强成正比；另一种是开路电压输出，开路电压与光照度之间呈非线性关系；光照度大于 1 000 lx 时呈现饱和特性。因此使用时应根据需要选用工作状态。

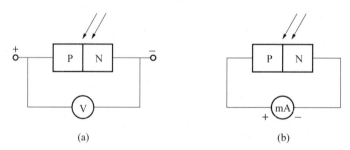

图 3-4-7　光电池与外电路的连接方式

（a）光电池的开路电压输出；（b）短路电流输出

硅光电池是用单晶硅制成的。在一块 N 型硅片上用扩散方法渗入一些 P 型杂质，从而形成一个大面积 PN 结，P 层极薄能使光线穿透到 PN 结上。硅光电池也称硅太阳能电池，为有源器件。它轻便、简单，不会产生气体污染或热污染，特别适用于宇宙飞行器作仪表电源。硅光电池转换效率较低，适宜在可见光波段工作。

3. 光电式传感器的特点

光电式传感器是将光能转化成电能的一种传感器件，它具有响应快、结构简单、使用方便、性能可靠、能完成非接触测量等优点，因此在自动检测、计算机和控制领域得到非常广泛的应用。但光电式传感器存在光学器件和电子器件价格较贵，并且对测量的环境条件要求较高等缺点。近年来新型的光电式传感器不断涌现，如光纤传感器、CCD 图像传感器等，使光电式传感器得到了进一步的发展。

4. 光电式传感器的分类

光电式传感器按其传输方式可分成直射型（也称为透射型或对向型）和反射型两大类。

1）直射型光电式传感器

图 3-4-8 所示为直射型光电式传感器结构示意图。这类传感器工作时必须将受光部位对着发光光源安装，且要在同一光轴上。图 3-4-8 所示结构中光源发出的光经透镜 1 变成平行光，再由透镜 2 聚焦后照射到发光二极管上。当在透镜 1 和透镜 2 之间放入被测工件后，就可以根据发光二极管接收到的光通量的大小或有无来反映测量的情况。

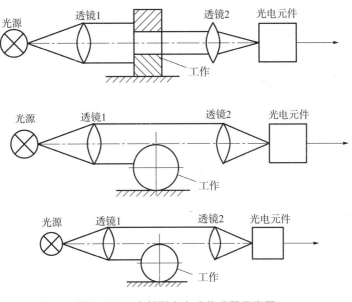

图 3-4-8 直射型光电式传感器示意图

2）反射型光电式传感器

图 3-4-9 所示为反射型光电式传感器结构示意图。反射型光电式传感器是将恒定光源释出的光投射到被测物体上，再从其表面反射到光电元件上，根据反射的光通量多少测定被测物表面性质和状态。图 3-4-9（a）、（b）是利用反射法检测材质表面粗糙度和表面裂纹、凹坑等疵病的传感器示意图，其中图 3-4-9（a）为正反射接收型，用于检测浅小的缺陷，灵敏度较高；图 3-4-9（b）为非正反射接收型，用于检测较大的几何缺陷。图3-4-9（c）是利用反射法测量工件尺寸或表面位置的示意图，当工件位移 Δh 时，光斑移动 Δl，其放大倍数为 $\Delta l/\Delta h$。在标尺处放置一排光电元件即可获得尺寸分组信号。

使用光电式传感器时应注意：采用反射型光电式传感器时，应考虑到检测物体的表面和大小对检测距离和动作区的影响；检测微小物体时，检测距离要比检测较大的物体时短一些；检测物体的表面反射率越大，检测距离越长；采用反射型光电传感器时，检测物体的最小尺寸由透镜的直径确定；必须在规定的电源电压、环境要求的范围内使用；安装时，应稳固，勿用锤子敲打。

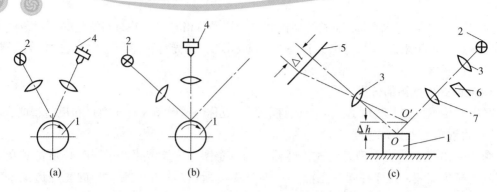

图 3-4-9　反射型光电式传感器示意图

（a）正反射接收型；（b）非正反射接收型；（c）利用反射法测量工件尺寸或表面位置

1—工件；2—光源；3—透镜；4—光电元件；5—光电阵列元件；6—挡光板；7—物镜

5. 光电式传感器的应用

光电式传感器可用于检测直接引起光量变化的非电量，如光强、光照度、辐射测量、气体成分分析等；也可以用于检测能转化成光量变化的其他非电量，如直径、表面粗糙度、应变位移、振动、速度、加速度以及物体形状、工作状态的识别等。

1）光电式传感器测量转速

图 3-4-10 为光电式数字转速表工作原理图。图 3-4-10（a）表示转轴上涂黑白两种颜色的工作方式。当电机转动时，反光与不反光交替出现，光电元件间断地接收反射光信号，输出电脉冲。经放大整形电路转换成方波信号，由数字频率计测得电机的转速。图 3-4-10（b）为电机轴上固装一齿数为 Z 的调制盘〔相当图 3-4-10（a）电机轴上黑白相间的涂色〕的工作方式。其工作原理与图 3-4-10（a）相同。若频率计的计数频率为 f，由式(3-4-1)：

$$n = 60f/Z \tag{3-4-1}$$

即可测得转轴转速 n。

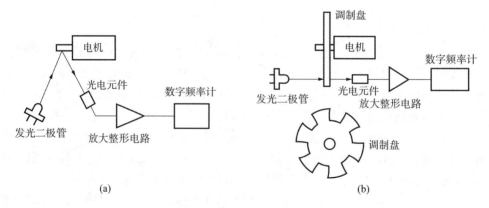

图 3-4-10　光电式数字转速表工作原理图

（a）电机转轴上涂黑白二色的工作方式；（b）电机转轴上固装调制盘的工作方式

2）光电物位传感器

光电物位传感器多用于测量物体之有无、个数、物体移动距离和相位等。按结构可分为直射式、反射式两类，它们的工作原理前面已有介绍。

3）硅光电池

硅光电池也称硅太阳能电池，它是用单晶硅制成，在一块 N 型硅片上用扩散的方法掺入一些 P 型杂质而形成一个大面积的 PN 结，P 层做得很薄，从而使光线能穿透到 PN 结上，如图 3-4-11 所示。硅太阳能电池具有轻便、简单，不会产生气体或热污染，易于适应环境。因此凡是不能铺设电缆的地方都可采用太阳能电池，尤其适用于为宇宙飞行器的各种仪表提供电源。

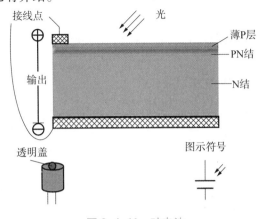

图 3-4-11 硅电池

6. CCD 图像传感器的应用

CCD 图像传感器研究的目标之一是构成固态摄像装置的光电器件。由于 CCD 图像传感器是极小型的固态集成器件，即同时具有光生电荷以及积累和转移电荷等多种功能，取消了光学扫描系统或电子束扫描，所以在很大程度上降低了再生图像的失真。这些特点决定了它可广泛用于自动控制，尤其适合用于图像识别技术。常用于尺寸、工件伤痕及表面污垢、形状等的测量。

活动 2 任务实施

1. 认识实验台中的光电式传感器

光电式传感器已安装于转动源的支架上，如图 3-4-12 所示。

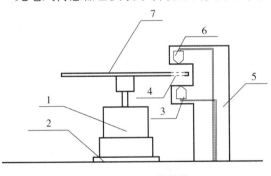

图 3-4-12 安装器件

1—电机；2—工件平台；3—接收管；4—透射孔；
5—支架；6—发光管；7—转盘

除了转动源上的光电式传感器外，本任务的实施还要用到直流稳压电源、转动源、频率/转速表及双踪示波器。

2. 光电式传感器测量转速的工作原理

光电式转速传感器有反射型和透射型两种，本实验装置是透射型的，传感器端部有发光管和光电池，发光管发出的光源通过转盘上的孔透射到光电管上，并转换成电信号，由于转盘上有等间距的 6 个透射孔，转动时将获得与转速及透射孔数有关的脉冲，将电脉冲计数处理即可得到转速值。

问题 1：若产生的脉冲频率为 f，被测圆盘上有 N 个透射孔，则圆盘的转速 $n=$ _____。并就实验原理与转速表达式讨论实验台中光电式传感器测量转速与产生的脉冲频率、投射孔之间的关系。

3. 任务实施步骤

（1）光电式传感器已按图 3-4-12 安装在转动源上。

（2）将+5 V电源及地线接到三源板上"光电"端，"光电"输出接到频率/转速表（切换到测转速位置），并将光电输出接到数据采集部分。

问题2：请在图3-4-13中完成接线。

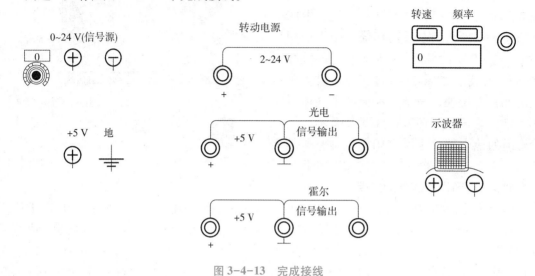

图3-4-13　完成接线

（3）将"2~24 V"直流稳压电源接到"转动源"的"转动电源"输入端，将直流电源调节到最小。

问题3：请在图3-4-13中完成接线。

（4）打开电源开关，逐步增大"2~24 V"电压输出，观察转动源转速变化，并通过示波器观察波形变化。

问题4：当直流电压增大时，转速将_____，波形将_____（拉宽/压缩），说明其频率f_____。

（5）观察不同电压时转速的变化，并通过切换按钮观察频率的变化，记录频率/转速表的读数于表3-4-1中。

表3-4-1　记录数据

电压/V				
转速/（r·min⁻¹）				
频率/Hz				

4. 数据处理

（1）请在同一个坐标图中画出不同电压时的脉冲波形图。

（2）验证转速与频率之间的关系是否和理论计算一致。

5. 小结

6. 清理工作台面

按规范要求清理工作现场、整理工具。

任务五　使用热电偶传感器

本任务中主要学习热电偶传感器的工作原理、特点、分类、性质及应用，认识实验台中的热电偶传感器，会用热电偶传感器进行温度的测量。

活动1　热电偶传感器概述

热电式传感器是一种将温度变化转换为电量变化的装置。在各种热电式传感器中，把温度量转换为电势和电阻的方法最为普遍。其中将温度转换为电势的热电式传感器叫热电偶，将温度转换为电阻值的热电式传感器叫做热电阻。热电阻传感器已在项目二介绍，本任务主要学习热电偶传感器。图 3-5-1 所示为常见的热电偶传感器。

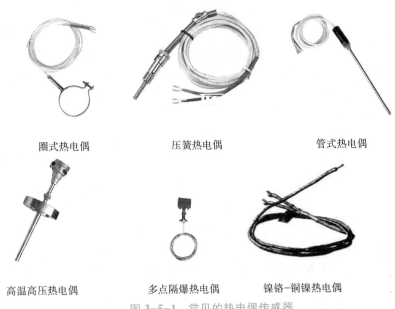

圈式热电偶　　　　　压簧热电偶　　　　　管式热电偶

高温高压热电偶　　　多点隔爆热电偶　　镍铬-铜镍热电偶

图 3-5-1　常见的热电偶传感器

1. 热电偶传感器的工作原理

热电偶的测温原理是基于热电效应。将两种不同的导体或半导体连接成闭合回路，当两个接点处的温度不同时，回路中将产生热电势，这种现象称为热电效应，又称为塞贝克效应。

热电效应示意图如图 3-5-2 所示，将两种不同性质的导体 A、B 组成闭合回路，若节点（1）、（2）处于不同的温度（$T \neq T_0$）时，两者之间将产生一热电势，在回路中形成一定大小的电流，这种现象称为热电效应。

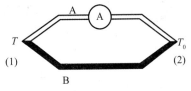

图 3-5-2　热电效应示意图

129

其中 A、B 两导体的组合称为热电偶，A、B 两种导体称为热电极，两个接点在（1）端称为工作端或热端，其温度为 T，（2）端称为自由端或冷端，其温度为 T_0。若接点（1）、（2）处于不同的温度（$T \neq T_0$）时，两者之间将产生一热电势，在回路中形成一定大小的电流，产生热电动势，其电势由接触电势和温差电势两部分组成，分别用 E_{AB}（T）（E_{AB}（T_0））和 E_A（T, T_0）（E_B（T, T_0））表示，产生的总的热电动势用 E_{AB}（T, T_0）表示。实验和理论均证明热电偶回路的热电动势主要是由接触电势引起的。

1）接触电势

当两种金属接触在一起时，由于不同导体的自由电子密度不同，在结点处就会发生电子迁移扩散。失去自由电子的金属呈正电位，得到自由电子的金属呈负电位。当扩散达到平衡时，在两种金属的接触处形成电势，称为接触电势。其大小除与两种金属的性质有关外，还与结点温度有关。

2）温差电势

对于单一金属，如果两端的温度不同，则温度高端的自由电子向低端迁移，使单一金属两端产生不同的电位，形成电势，称为温差电势，其大小与金属材料的性质和两端的温差有关。

2. 热电偶传感器的特点

热电偶是温度测量中应用最广泛的温度器件，他的主要特点就是测温范围宽，性能比较稳定，同时结构简单，动态响应好，更能够远传 4~20 mA 电信号，便于自动控制和集中控制。

3. 热电偶传感器的分度号

目前国际上应用的热电偶具有一个标准规范，国际上规定热电偶分为 8 个不同的分度，分别为 B、R、S、K、N、E、J 和 T，其测量温度最低可测零下 270 ℃，最高可达 1 800 ℃，其中 B、R、S 属于铂系列的热电偶，由于铂属于贵重金属，所以他们又被称为贵金属热电偶，剩下的几个则称为廉价金属热电偶。根据热电势与温度函数关系，可制成热电偶分度表。分度表是在自由端温度 $T_0 = 0$ ℃ 的条件下得到的。不同分度号的热电偶具有不同的分度表，根据热电偶的分度表可以查出不同热电动势下对应的测量温度，很多利用热电偶进行温度测量的仪表就是根据分度表刻度的。不同分度号的热电偶对应的分度表可参考相关技术手册。

4. 热电偶回路的主要性质

1）均质导体定律

由一种均质导体组成的闭合回路，不论导体的截面积和长度如何，也不论各处的温度分布如何，都不能产生热电势。

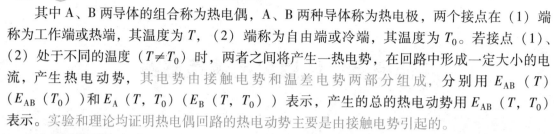

2）中间导体定律

在热电偶回路中，只要中间导体 C 两端温度相同，那么接入中间导体 C 对热电偶回路总热电势 E_{AB}（T, T_0）没有影响，如图 3-5-3 所示。

图 3-5-3　加入中间导体的热电偶

即用两种金属导体 A、B 组成热电偶测量时，在测温回路中必须通过连接导线接入仪表测量温差电势 E_{AB}（T, T_0），而这些导体材料

和热电偶导体 A、B 的材料往往并不相同。在这种引入了中间导体的情况下，回路中的温差电势是不变的。

3）中间温度定律

如图 3-5-4 所示，热电偶的两个接点温度为 T_1、T_2 时，热电势为 E_{AB}（T_1，T_2）；两个接点温度为 T_2、T_3 时，热电势为 E_{AB}（T_2，T_3），那么当两接点温度为 T_1、T_3 时的热电势则为：

$$E_{AB}（T_1，T_2）+E_{AB}（T_2，T_3）= E_{AB}（T_1，T_3）$$

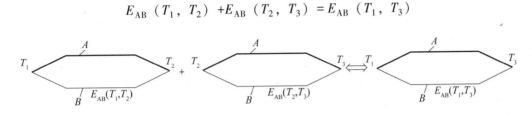

图 3-5-4　中间温度定律

5. 热电偶传感器的应用

1）炉温的控制

热电偶传感器目前在工业生产中得到了广泛的应用，并且可以选用定型的显示仪表和记录仪来进行显示和记录。图 3-5-5 所示为利用热电偶测量炉温的系统示意图。

图中由毫伏定值器给出设定温度的相应毫伏值，如热电偶的热电势与定值器的输出值有偏差，则说明炉温偏离给定值，此偏差经放大器送入调节器，再经过晶闸管触发器去推动晶闸管执行器，从而调整炉丝的加热功率，消除偏差，达到温控的目的。

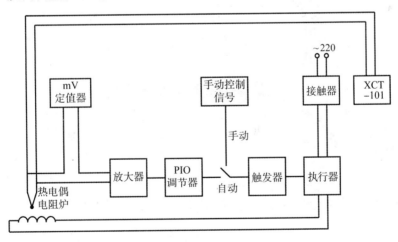

图 3-5-5　热电偶测量炉温系统示意图

2）盐浴炉的温度控制

盐浴炉是用熔融盐液作为加热介质，将工件浸入盐液内加热的工业炉。盐浴炉在热处理设备中占有重要的位置，它是利用熔盐作为电阻发热体，利用电极将电流引入熔盐中，当电流流过浴盐时，电能便转变为热能而使浴盐温度升高，控制电流的通断或大小，就可使浴盐保持一定的温度。盐浴炉的温度控制系统采用单相交流电，使用晶闸管调功模块控制加热功率，即通过控制晶闸管导通与关断的周波数比率，从而达到调功的目的。晶闸管的触发由单片机控制，通过单片机编程实现按预定温度曲线进行加热。盐浴炉温由热电偶感应，通过信号放大、采样保持、A/D 转换，再由单片机进行数据处理及线性化校正，以实现盐浴炉实际温度的检测和显示。其系统总框图如图 3-5-6 所示。

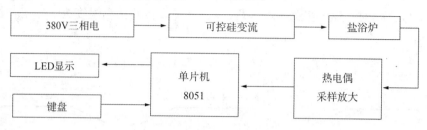

图 3-5-6　盐浴炉温度控制系统总框图

活动 2　任务实施

（一）K 型热电偶温度特性测试

1. 认识 K 型热电偶及其配套的实验模块

本实验中使用的 K 型热电偶如图 3-5-7 所示，与其配套的实验模块为温度传感器实验模块，此模块在热电阻传感器中已介绍，如图 3-5-8 所示。

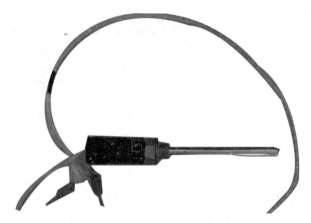

图 3-5-7　K 型热电偶

本实验中除了使用热电偶、温度传感器实验模块外，还要用到智能调节仪、PT100 及温度源。

2. 热电偶测量温度的工作原理

热电偶是一种使用最多的温度传感器，它的原理是基于热电效应，即将不同的导体或半导体 A 或 B 组成一个回路，其两端相互连接，只要两节点处的温度不同，一端温度为 T，另一端温度为 T_0，则回路中就有电流产生，即回路中存在电动势，该电动势被称为热电势。在热电偶确定的情况下，产生的热电动势与温度之间呈一定关系，热电势与温度的关系常用分度表表示。热电偶的分度号是其分度表的代号（一般用大写字母 S、R、B、K、E、J、T、N 表示）。它是在热电偶的参考端为 0 ℃ 的条件下，以列表的形式表示热电势与测量端温度的关系。

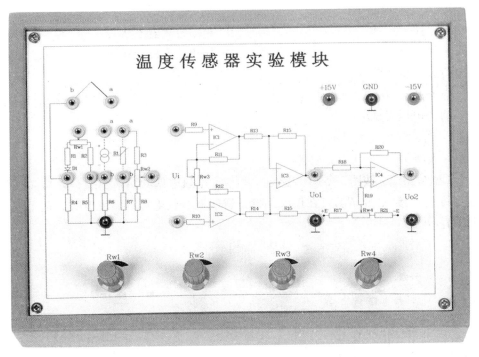

图 3-5-8 温度传感器实验模块

3. 任务实施步骤

（1）参照"项目二任务二"中"PT100 温度控制"相应步骤利用 PT100 将温度控制在 50 ℃，在另一个温度传感器插孔中插入 K 型热电偶温度传感器。

（2）将±15 V 直流稳压电源线及地线接至温度传感器实验模块。温度传感器实验模块的输出 U_{o2} 接主控台直流电压表。

问题 1：请在图 3-5-9 中完成接线。

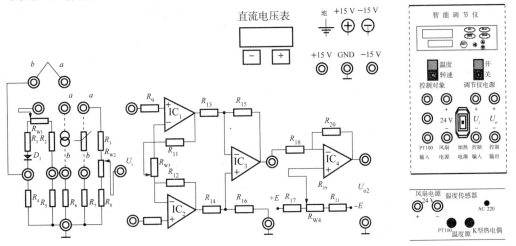

图 3-5-9 接线电路

（3）将温度传感器模块上差动放大器的输入端 U_i 短接，调节使直流电压表显示为零。

问题2：在试验电路中，共有几个基本测量电路？（　　　）

A. 电桥电路 　　　　　　　　　　　　B. 差动放大器电路

C. 反相比例放大器 　　　　　　　　　D. 同相比列放大器

E. 电荷放大器

问题3：输入端 U_i 短接，则 U_i 应为_____，经过_____测量电路后，U_{o2} 应为_____，直流电压表显示应为_____。

问题4：若此时电压表显示不为0，应调节_____。

问题5：请在图3-5-9中完成接线。

（4）拿掉短路线，按图3-5-10接线，并将 K 型热电偶的两根引线，热端（红色）接 a，冷端（绿色）接 b，将 R_{W3} 打在最大，打开智能调节仪电源和温度开关，记下模块输出 U_{o2} 的电压值。

温度传感器实验模块

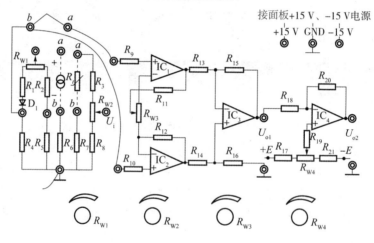

图3-5-10　接线电路

（5）改变温度源的温度，每隔5 ℃记下 U_{o2} 的输出值。直到温度升至120 ℃，观察实验结果。

问题6：随着温度源温度的升高，U_{o2} 的输出值将_____（增大/减小/不变）。

4. 数据处理

（1）请将不同温度时的电压 U_{o2} 的输出值填入表3-5-1中。

表3-5-1　记录数据

$T/℃$											
U_{o2}/V											

（2）根据表3-5-1的试验数据画出 U_{o2}-T 曲线。

（3）分析 K 型热电偶的温度特性曲线，并计算其非线性误差。

5. 小结

6. 清理工作台面

按规范要求清理工作现场、整理工具。

（二）E 型热电偶温度特性测试

1. 认识 E 型热电偶

本实验中使用的 E 型热电偶如图 3-5-11 所示。

图 3-5-11　E 型热电偶

本实验中除了使用热电偶外，还要用到温度传感器实验模块、智能调节仪、温度源及 PT100。

2. 热电偶测量温度的工作原理

E 型热电偶测量温度的工作原理同"K 型热电偶测量温度的工作原理"，只是分度号不同而已。

3. 任务实施步骤

（1）利用 PT100 将温度控制在 50 ℃，在另一个温度传感器插孔中插入 E 型热电偶温度传感器。

（2）将±15 V 直流稳压电源线及地线接至温度传感器实验模块。温度传感器实验模块的输出 U_{o2} 接主控台直流电压表。

问题 1：请在图 3-5-12 中完成接线。

（3）将温度传感器模块上差动放大器的输入端 U_i 短接，调节使直流电压表显示为零。

问题 2：请在图 3-5-12 中完成接线。

（4）拿掉短路线，按图 3-5-10 接线，并将 E 型热电偶的两根引线，热端（红色）接 a，冷端（绿色）接 b，打开智能调节仪电源和温度开关，记下模块输出 U_{o2} 的电压值。

问题 3：请在图 3-5-12 中完成接线。

（5）改变温度源的温度每隔 5 ℃记下 U_{o2} 的输出值。直到温度升至 120 ℃，观察实验结果。

问题 4：随着温度源温度的升高，U_{o2} 的输出值将_____（增大/减小/不变）。

4. 数据处理

（1）请将不同温度时的电压 U_{o2} 的输出值填入表 3-5-2 中。

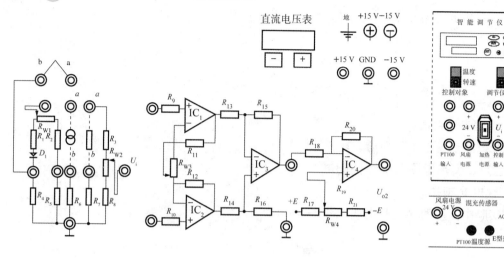

图 3-5-12　接线电路

表 3-5-2　记录数据

$T/℃$										
U_{o2}/V										

（2）根据表 3-5-2 的试验数据画出 U_{o2}-T 曲线。

（3）分析 E 型热电偶的温度特性曲线，并计算其非线性误差。

5. 小结

6. 清理工作台面

按规范要求清理工作现场、整理工具。

 拓展知识

1. 压电式传感器的等效与测量电路

压电元件从功能上讲，是一个电荷发生器；从性质上讲，是一个有源电容器。当压电传感器中的压电晶体承受被测机械应力的作用时，在它的两个极面上出现极性相反，但电量相等的电荷。故可把压电传感器看成一个静电发生器；也可把它视为两极板上聚集异性电荷，中间为绝缘体的电容器，如图 3-5-13 所示。

1）压电式传感器的等效电路

当需要压电元件输出电压时，可把它等效成一个如图 3-5-14 所示，与电容串联的电压源，在开路状态，其输出端电压 $U_a = Q/C_a$；当需要压电元件输出电荷时，则可把它等效成一个如图 3-5-15 所示，与电容相并联的电荷源。同样，在开路状态，输出端电荷 $Q = C_a U_a$。

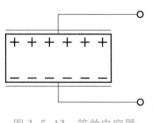

图 3-5-13 等效电容器

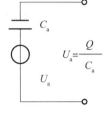

图 3-5-14 电压源

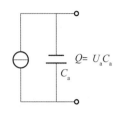

图 3-5-15 电荷源

压电式传感器在实际使用时，总要与测量仪器或测量电路相连接，因此还需考虑连接电缆的等效电容 C_c，放大器的输入电阻 R_i，输入电容 C_i 以及压电式传感器的泄漏电阻 R_a。这样，压电传感器在测量系统中的实际等效电路如图 3-5-16 所示。

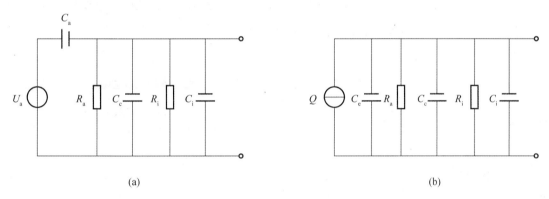

(a)　　　　　　　　　　　　　　　(b)

图 3-5-16 实际等效电路

（a）电压源；（b）电荷源

2）压电式传感器的测量电路

压电式传感器本身的内阻抗很高，而输出能量较小，因此它的测量电路通常需要接入一个高输入阻抗前置放大器。其作用为：一是把它的高输出阻抗变换为低输出阻抗；二是放大传感器输出的微弱信号。压电式传感器的输出可以是电压信号，也可以是电荷信号，因此前置放大器也有两种形式：电压放大器和电荷放大器。

2. 磁电式传感器的测量电路

从磁电式传感器的直接应用来说，它只是用来测定线速度或角速度，但是由于速度与位移或加速度有内在联系，仅是一个积分或微分的关系，因此，如果在感应电动势的测量电路中接一积分电路，那么其输出电压就与位移成正比；如果在测量电路中接一微分电路，那么输出电压就与运动的加速度成正比，因此，磁电式传感器常用的测量电路如图 3-5-17 所示。

3. 霍尔式传感器的测量电路

霍尔式传感器的基本测量电路如图 3-5-18 所示。图中控制电流 I 由电源 E 提供，R 是调节电阻。霍尔电势输出端的负载电阻 R_L，可以是放大器的输入电阻或表头内阻等，所施加的外磁场 B 一般与霍尔元件的平面垂直。实际测量中，可以把 I 或者 B 单独作为输入信号，也可以把二者的乘积作为输入信号，通过霍尔电势输出得到测量结果。控制电流也可以是交流量，控制电流的频率可高达 10^9 Hz 以上。

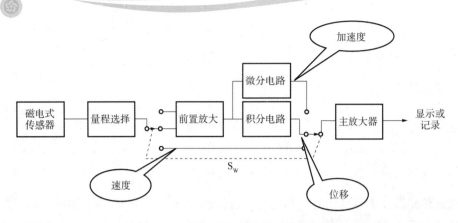

图 3-5-17　磁电式传感器常用的测量电路

理想情况下 $R_1=R_2=R_3=R_4$，电桥平衡 $U_M=0$，如图 3-5-19 所示。但是在实际情况时，由于 R_1、R_2、R_3、R_4 有差异，所以初始状态不一定是电桥平衡，U_M-0，这种情况称为不等位电势。

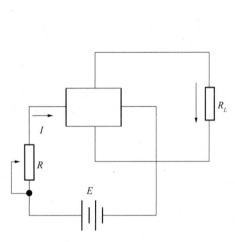

图 3-5-18　霍尔式传感器的基本测量电路

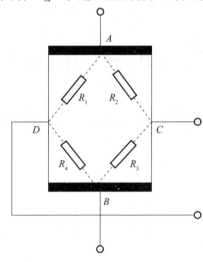

图 3-5-19　电桥平衡

不等位电势的补偿电路主要有两种形式：不对称补偿电路和对称补偿电路，分别如图 3-5-20（a）、(b)所示。

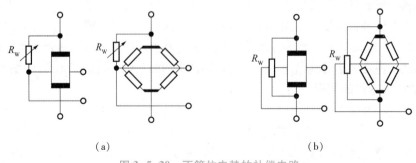

（a）　　　　　　　　　　　　　　（b）

图 3-5-20　不等位电势的补偿电路

（a）不对称补偿；（b）对称补偿

温度的变化也会引起电阻的变化导致不等位电势的产生，具有温度补偿的补偿电路如图 3-5-21 所示。

其中 1、2 端为输出端，在工作温度下限 T_1，调 R_{W1} 使输出为零。在工作温度上升 ΔT 时调 R_{W2} 使输出为零。

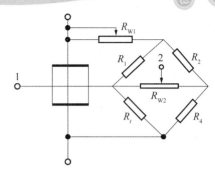

图 3-5-21　具有温度补偿的补偿电路

4. 光电耦合器

光电耦合器是利用发光元件与光敏元件封装为一体而构成电—光—电转换的器件，加到发光器件上的电信号为耦合器的输入，接收器的输出信号为耦合器的输出信号。光电耦合器具有无机械触点、噪声低、执行动作快、体积小、寿命长的特点。

根据结构和用途的不同，光电耦合器分为光电隔离器和光电开关两大类。

1）光电隔离器

光电隔离器由发光二极管和光敏晶体管封装在同一个管壳内组成，在装配上要使 LED 辐射能量能有效地耦合到光敏晶体管上。

光电隔离器的应用很广泛，可以应用在以下场合：

（1）将输入与输出端两部分的地线分隔开，并各自使用一套电源供电。

（2）可以实现电平的转换。

（3）可以提高驱动能力。

2）光电开关

光电开关是通过把光的强度转变为电信号变化，并以此来实现控制的一种电子开关。对金属或非金属都能做出反应，无机械磨损，无电火花，是一种安全、可靠、长寿命、无触点的开关。光电开关以其结构和工作方式的不同，可分为沟式、对射式、反光板反射式、扩散反射式、聚焦式、光纤式等类型。如图 3-5-22 所示。

5. 热电偶实用测温线路

热电偶是工业生产中应用最广泛的一种温度测量传感器，几乎用于工业生产中的各个领域，常用的测温线路主要有以下几种。

1）测量某点温度的基本电路

基本测量电路包括热电偶、补偿导线、冷端补偿器、连接用铜线、动圈式显示仪表。如图3-5-23所示是一支热电偶配合一台仪表的测量线路。显示仪表如果是电位差计，则不必考虑线路电阻对测温精确度的影响；如果是动圈式仪表，就必须考虑测量线路电阻对测温精度的影响。

2）测量两点之间的温度差

实际工作中常需要测量两处的温差，可选用两种方法测温差，一种是两支热电偶分别测量两处的温度，然后求算温差；另一种是将两支同型号的热电偶反串连接，直接测量温差电势，然后求算温差，如图 3-5-24 所示。前一种测量较后一种测量精度差，对于要求精度高的温差测量，应采用后一种测量方法。

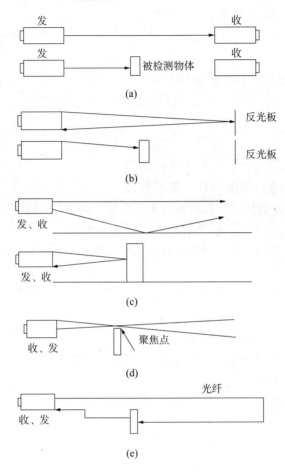

图 3-5-22　不同工作方式的光电开关

（a）对射式光电开关；（b）反光板反射式光电开关；（c）扩散式光电开关；
（d）聚焦式光电开关；（e）光纤式光电开关

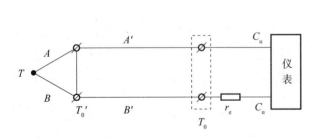

图 3-5-23　热电偶基本测量电路

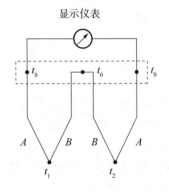

图 3-5-24　温差测量线路

3）测量温度之和——热电偶串联测量线路

　　将 N 支相同型号的热电偶正负极依次相连接，如图 3-5-25 所示。若 N 支热电偶的各热电势分别为 E_1、E_2、E_3、$\cdots$、E_N，则总电势为：

$$E_{串} = E_1 + E_2 + E_3 + \cdots + E_N = NE \qquad (3-5-1)$$

式中　E——N 支热电偶的平均热电势。

串联线路的总热电势为 E 的 N 倍，$E_{串}$ 所对应的温度可由 $E_{串}-t$ 关系求得，也可以根据平均热电势 E 在相应的分度表上查对。串联线路的主要优点是热电势大，精确度比单支高；主要缺点是只要有一支热电偶断开，整个线路就不能工作，个别短路会引起示值显著偏低。

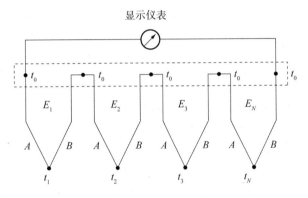

图 3-5-25　热电偶串联测量线路

4）测量平均温度—热电偶并联测量线路

将 N 支相同型号的热电偶的正负极分别连在一起，如图 3-5-26 所示。

如果 N 支热电偶的电阻值相等，则并联电路总热电势等于 N 支热电偶的平均值，即：

$$E_{并} = (E_1 + E_2 + E_3 + \cdots + E_N)/N \qquad (3-5-2)$$

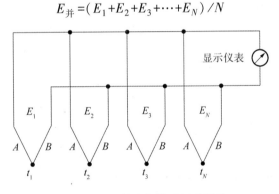

图 3-5-26　热电偶并联测量线路

2. 热电偶的温度补偿

从热电效应的原理可知，热电偶产生的热电势与两端温度有关。只有将冷端的温度恒定，热电势才是热端温度的单值函数。由于热电偶分度表是以冷端温度为 0 ℃ 时做出的，因此在使用时要正确反映热端温度，最好设法使冷端温度恒为 0 ℃。但在实际应用中，热电偶的冷端通常靠近被测对象，且受到周围环境温度的影响，其温度不是恒定不变的。为此，必须采取以一些相应的措施进行补偿或修正，常用的方法有以下几种。

1）冷端恒温法

（1）0 ℃ 恒温法。在实验室及精度测量中，通常把参考端放入装满冰水混合物的容器

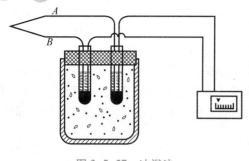

图 3-5-27　冰浴法

中，以便参考温度保持在 0 ℃，这种方法又称为冰浴法，如图 3-5-27 所示。

（2）其他恒温法。将热电偶的冷端置于各种恒温器内，使之保持恒定温度，避免由于环境温度的波动而引入误差。这类恒温器可以是盛有变压器油的容器，利用变压器油的热惰性恒温，也可以是电加热的恒温器，这类恒温器温度不为 0 ℃，故最后还需对热电偶进行冷端修正。

2）补偿导线法

补偿导线的作用是将热电偶的冷端延长到温度相对稳定的地方。只有当冷端温度恒定时，产生的热电势才与热端温度成单值函数关系。工业中应用时，一般都把冷端延长到中控室温度相对稳定的地方。由于热电偶一般都是较贵重的金属，为了节省材料，采用与相应热电偶的热电特性相近的材料做成的补偿导线，连接热电偶，将信号送到控制室。它通常由两种不同性质的廉价金属导线制成，而且在 0 ℃~100 ℃ 温度范围内，要求补偿导线和所配热电偶具有相同的热电特性。所谓补偿导线，实际上是一对材料化学成分不同的导线，在0 ℃~1 500 ℃ 温度范围内与配接的热电偶有一致的热电特性，价格相对要便宜。由此可知，我们不能用一般的铜导线传送热电偶信号，同时对不同分度号的热电偶其采用的补偿导线也不同。常用热电偶的补偿导线列于表 3-5-3 中。根据中间温度定理，只要热电偶和补偿导线的两个结点温度一致，是不会影响热电势输出的。

表 3-5-3　常用补偿导线

补偿导线型号	配用热电偶型号	补偿导线		绝缘层颜色	
		正极	负极	正极	负极
SC	S	SPC（铜）	SNC（铜镍）	红	绿
KC	K	KPC（铜）	KNC（康铜）	红	蓝
KX	K	KPX（镍铬）	KNX（镍硅）	红	黑
EX	E	EPX（镍铬）	ENX（铜镍）	红	棕

使用补偿导线必须注意以下几个问题：

（1）两根补偿导线与两个热电极的结点必须具有相同的温度。

（2）只能与相应型号的热电偶配用，而且必须满足工作范围。

（3）极性切勿接反，常用补偿导线负极的颜色均为白色。

3）计算修正法

上述两种方法解决了一个问题，即设法使热电偶的冷端温度恒定。但是冷端温度并非一定为 0 ℃，所以测出的热电势还是不能正确反映热端的实际温度。为此，必须对温度进行修正。修正公式为：

$$E_{AB}(t, \ t_0) = E_{AB}(t, \ t_1) + E_{AB}(t_1, \ t_0) \tag{3-5-3}$$

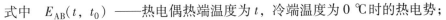
式中　$E_{AB}(t, t_0)$——热电偶热端温度为 t，冷端温度为 0 ℃时的热电势；

$\quad\quad E_{AB}(t, t_1)$——热电偶热端温度为 t，冷端温度为 t_1 时的热电势；

$\quad\quad E_{AB}(t_1, t_0)$——热电偶热端温度为 t_1，冷端温度为 0 ℃时的热电势。

4）电桥补偿法

计算修正法虽然很精确，但不适合连续测量，为此，有些仪表的测温线路中带有补偿电桥，利用不平衡电桥产生的电势补偿热电偶因冷端温度波动引起的热电势的变化。如图3-5-28所示。

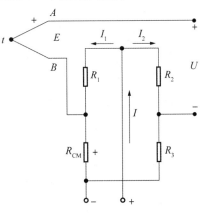

图 3-5-28　电桥补偿电路

图 3-5-28 中，E 为热电偶产生的热电势，U 为回路的输出电压。回路中串接了一个补偿电桥。$R_1 \sim R_3$ 及 R_{CM} 均为桥臂电阻。R_{CM} 是用漆包铜线绕制成的，它和热电偶的冷端感受同一温度。$R_1 \sim R_3$ 均为温度系数小的锰铜丝绕制成，阻值稳定。在桥路设计时，使 $R_1 = R_2$，并且 R_1、R_2 的阻值要比桥路中其他电阻大得多。这样即使电桥中其他电阻的阻值发生变化，左右两桥臂中的电流却差不多保持不变，从而认为其具有恒流特性。

回路输出电压 U 为热电偶的热电势 E、桥臂电阻 R_{CM} 的压降 $U_{R_{CM}}$ 及另一桥臂电阻 R_3 的压降 U_{R_3} 三者的代数和，即：

$$U = E + U_{R_{CM}} - U_{R_3} \tag{3-5-4}$$

当热电偶的热端温度一定，冷端温度升高时，热电势将会减小。与此同时，铜电阻 R_{CM} 的阻值将增大，从而使 $U_{R_{CM}}$ 增大，由此达到了补偿的目的。

自动补偿的条件为：

$$\Delta e = I_1 R_{CM} a \Delta t \tag{3-5-5}$$

式中　Δe——热电偶冷端温度变化引起的热电势的变化，它随所用的热电偶材料不同而异；

$\quad\quad I_1$——流过 R_{CM} 的电流；

$\quad\quad a$——铜电阻 R_{CM} 的温度系数，一般取 0.003 91/℃；

$\quad\quad \Delta t$——热电偶冷端温度的变化范围。

通过式（3-5-5），可得式（3-5-6）：

$$R_{CM} = \frac{1}{a I_1}\left(\frac{\Delta e}{\Delta t}\right) \tag{3-5-6}$$

需要说明的是，热电偶所产生的热电势与温度之间的关系是非线性的，每变化 1 ℃所产生的毫伏数并非相同，但补偿电阻 R_{CM} 的阻值变化与温度变化呈线性关系。因此，这种补偿方法是近似的。在实际使用时，由于热电偶冷端温度变化范围不会太大，这种补偿方法常被采用。

5）显示仪表零位调整法

当热电偶通过补偿导线连接显示仪表时，如果热电偶冷端温度已知且恒定时，可预先将有零位调整器的显示仪表的指针从刻度的初始值调至已知的冷端温度值上，这时显示仪表的示值即为被测量的实际值。

6）软件处理法

对于计算机系统，不必全靠硬件进行热电偶冷端处理。例如冷端温度恒定但不为 0 ℃的情况，只需在采样后加一个与冷端温度对应的常数即可。

对于 t_0 经常波动的情况，可利用热敏电阻或其他传感器把信号输入计算机，按照运算公式设计一些程序，便能自动修正。

思考与练习

1. 什么是压电效应？什么是逆压电效应？压电式传感器有什么特点？

2. 常用压电材料有哪些？压电材料的主要特性参数有哪些？

3. 压电式传感器有哪些方面的应用？请举例说明。

4. 磁电式传感器的测量原理是什么？它有什么特点？

5. 简述磁电式传感器测量转速的工作原理。

6. 霍尔式传感器检测的基本原理是什么？它有什么特点？霍尔式传感器可分几类？

7. 霍尔线性传感器的基本组成有哪些？有何应用特点？

8. 霍尔非线性传感器基本组成有哪些？有何应用特点？

9. 举例说明霍尔式传感器在工业中的应用。

10. 请简述霍尔式转速计的工作过程。

11. 什么是光电效应？简单叙述光电式传感器基本原理。

12. 光电式传感器由几部分组成？直射型和反射型光电式传感器有何区别？

13. 举例说明，光电式传感器主要有哪些方面的应用？

14. 什么是热电偶？热电偶温度传感器有什么特点？

15. 热电偶温度传感器的结构形式有哪些？其工作原理是什么？

16. 请画出热电偶的主要组成部分？常见的热电偶分度号有哪些？

17. 简述热电偶回路的主要性质？

项目四

脉冲传感器的使用

本项目主要介绍常用的脉冲传感器。通过学习，可以知道各种常用的光栅、磁栅、感应同步器、旋转编码器及感应同步器的基本结构、工作过程及应用特点，并能根据工程要求正确选择安装和使用。

【学习目标】

能力目标

（1）会正确操作传感器与检测技术综合试验台。

（2）能够按照要求对光栅、磁栅、感应同步器、编码器及旋转变压器进行正确接线，并且会使用万用表检测电路。

（3）会利用系统软件或示波器进行波形观察。

（4）会对实验数据进行分析。

（5）按操作规程进行操作。

（6）完成报告。

知识目标

（1）光栅、磁栅、感应同步器、旋转编码器及旋转变压器的工作原理及其特点。

（2）光栅、磁栅、感应同步器、旋转编码器及旋转变压器的安装与使用。

（3）光栅、磁栅、感应同步器、旋转编码器及旋转变压器的分类及其应用。

任务一 使用光栅

本任务中主要学习光栅的工作原理、特点及应用，认识光栅的外观和结构，会用光栅进行位移的测量。

活动1 光栅概述

光栅传感器实际上是光电传感器的一个特殊应用，在高精度的数控机床上，目前大量使用光栅作为位移和角度的检测反馈器件，构成闭环控制系统。图4-1-1所示为常用的各种光栅。

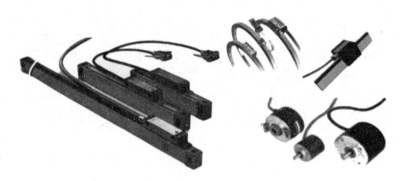

图4-1-1 光栅

1. 光栅的种类和结构

光栅是利用光的透射、衍射现象制成的光电检测元件，它主要由标尺光栅和光栅读数头两部分组成。通常，标尺光栅固定在机床的活动部件上（如工作台或丝杠），光栅读数头安装在机床的固定部件上（如机床底座），两者随着工作台的移动而相对移动。在光栅读数头中，安装着一个指示光栅，当光栅读数头相对于标尺光栅移动时，指示光栅便在标尺光栅上移动。当安装光栅时，要严格保证标尺光栅和指示光栅的平行度以及两者之间的间隙（一般取0.05 mm或0.1 mm）要求。

1）光栅的种类

光栅种类很多，可分为物理光栅和计量光栅。物理光栅主要是利用光的衍射现象，常用于光谱分析和光波波长测定，而在检测技术中常用的是计量光栅。计量光栅按其形状和用途可以分成长光栅（或直线光栅）和圆光栅两类。前者用于直线位移的测量，后者用于角位移的测量；按光线的走向可分成透射光栅和反射光栅。透射光栅是在透明的光学玻璃上，刻制平行且等距的密集线纹，利用光的透射现象形成的光栅；反射光栅一般在不透明的金属材料（如不锈钢）上，刻制平行且等距的密集线纹，利用光的全反射或漫反射现象形成的光栅。本任务以透射式光栅为例介绍其外观结构及工作原理。

2）光栅的结构

光栅检测装置主要由光源、聚光镜、短光栅（指示光栅）、长光栅（标尺光栅）、硅光电池组等光电元件组成，如图 4-1-2 所示为其外观及基本组成图。

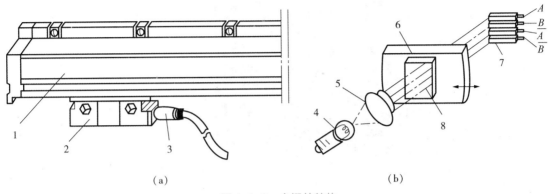

图 4-1-2　光栅的结构

（a）外观；（b）基本组成

1—光栅尺；2—扫描头；3—电缆；4—光源；5—聚光镜；6—标尺光栅；7—硅光电池；8—指示光栅

通常标尺光栅固定在机床活动部件（如工作台）上，指示光栅连同光源、聚光镜及光电池组等安装在机床的固定部件上，标尺光栅和指示光栅间保持一定的间隙，重叠在一起，并在自身的平面内转一个很小的角度 θ，如图 4-1-3 所示。

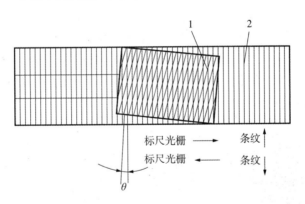

图 4-1-3　指示光栅和标尺光栅

1—指示光栅；2—标尺光栅

2. 光栅的工作原理

光栅是利用莫尔条纹现象来进行测量的。所谓莫尔（Moire），法文的原意是水面上产生的波纹。莫尔条纹是指两块光栅叠合时，出现光的明暗相间的条纹，从光学原理来讲，如果光栅栅距与光的波长相比较是很大的话，就可以按几何光学原理来进行分析。如图 4-1-4 所示为两块栅距相等的光栅叠合在一起，并使它们的刻线之间的夹角为 θ 时，这时光栅上会出现若干条明暗相间的条纹，这就是莫尔条纹。

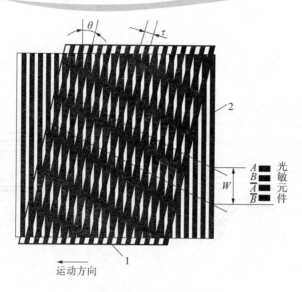

图 4-1-4　莫尔条纹

1—指示光栅；2—标尺光栅

　　图中相邻两条亮带（或暗带）之间的距离称为莫尔条纹的纹距 W，则 W 与光栅的栅距 τ、两光栅线纹间的夹角 θ（θ 较小时）之间的关系可近似地表示成 $W=\dfrac{\tau}{\theta}$。

1）光栅的莫尔条纹的特点

（1）当用平行光束照射光栅时，透过莫尔条纹的光强度分布近似于余弦函数。

（2）莫尔条纹具有放大作用，莫尔条纹宽度把光栅栅距放大 $1/\theta$ 倍。

　　若取 $\tau=0.01$ mm，$\theta=0.01$ rad，则由上式可得 $W=1$ mm。这说明，无须复杂的光学系统和电子系统，利用光的干涉现象，就能把光栅的栅距转换成放大 100 倍的莫尔条纹的宽度。这种放大作用是光栅的一个重要特点。

（3）莫尔条纹的移动与两光栅之间的相对移动具有对应关系，即当两光栅相对移动时，莫尔条纹就沿垂直于光栅运动的方向移动，并且光栅每移动一个栅距 τ，莫尔条纹就准确地移动一个纹距 W，只要测出莫尔条纹的数目，就可知道光栅移动了多少栅距。

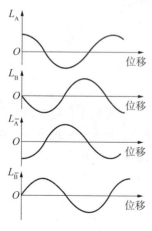

图 4-1-5　光敏元件输出波形

（4）由于莫尔条纹是由若干条光栅线纹共同干涉形成的，所以莫尔条纹对光栅个别线纹之间的栅距误差具有平均效应，能消除光栅栅距不均匀所造成的影响。

2）位移量检测的工作过程

　　根据上述莫尔条纹的特性，假如我们在莫尔条纹移动的方向上开 4 个观察窗口 A、B、$\overline{A}$、$\overline{B}$，且使这 4 个窗口两两相距 1/4 莫尔条纹宽度，即 $W/4$。由上述讨论可知，当两光栅尺相对移动时，莫尔条纹随之移动，从 4 个观察窗口 A、B、$\overline{A}$、$\overline{B}$ 可以得到 4 个在相位上依次超前或滞后（取决于两光栅尺相对移动的方向）1/4 周期（即 $\pi/2$）的近似于余弦函数的光强度变化过程，用 L_A、L_B、$L_{\overline{A}}$、$L_{\overline{B}}$ 表示，如图 4-1-5 所示。若采用光敏元件来检测，光敏元件

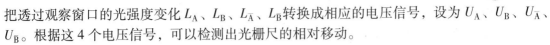

把透过观察窗口的光强度变化 L_A、L_B、$L_{\bar{A}}$、$L_{\bar{B}}$ 转换成相应的电压信号，设为 U_A、U_B、$U_{\bar{A}}$、$U_{\bar{B}}$。根据这 4 个电压信号，可以检测出光栅尺的相对移动。

（1）位移大小的检测。

由于莫尔条纹的移动与两光栅尺之间的相对移动是相对应的，故通过检测 U_A、U_B、$U_{\bar{A}}$、$U_{\bar{B}}$ 这 4 个电压信号的变化情况，便可相应地检测出两光栅尺之间的相对移动。U_A、U_B、$U_{\bar{A}}$、$U_{\bar{B}}$ 每变化一个周期，即莫尔条纹每变化一个周期，表明两光栅尺相对移动了一个栅距的距离；若两光栅尺之间的相对移动不到一个栅距，因 U_A、U_B、$U_{\bar{A}}$、$U_{\bar{B}}$ 是余弦函数，故根据 U_A、U_B、$U_{\bar{A}}$、$U_{\bar{B}}$ 之值也可以计算出其相对移动的距离。

（2）位移方向的检测。

在图 4-1-4 中，若标尺光栅固定不动，指示光栅沿正方向移动，这时，莫尔条纹相应地沿向下的方向移动，透过观察窗口 A 和 B，光敏元件检测到的光强度变化过程 L_A 和 L_B 及输出的相应的电压信号 U_A 和 U_B 如图 4-1-6（a）所示，在这种情况下，U_A 滞后 U_B 的相位为 π/2；反之，若标尺光栅固定不动，指示光栅沿负方向移动，这时，莫尔条纹则相应地沿向上的方向移动，透过观察窗口 A 和 B，光敏元件检测到的光强度变化过程 L_A 和 L_B 及输出的相应电压信号 U_A 和 U_B 如图 4-1-6（b）所示，在这种情况下，U_A 超前 U_B 的相位为 π/2。因此，根据 U_A 和 U_B 两信号相互间的超前和滞后关系，便可确定出两光栅尺之间的相对移动方向。

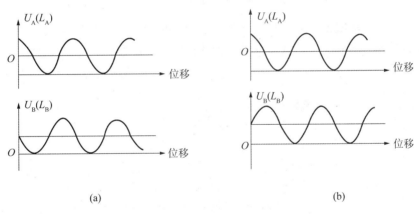

图 4-1-6 光栅位移检测波形图

（a）指示光栅正方向移动时的波形图；（b）指示光栅负方向移动时的波形图

3. 光栅的特点

光栅是利用光学原理进行工作，因而不需要复杂的电子系统。它具有测量精度高（在大量程测量位移方面，仅次于激光式测量，而在圆分度和角位移连续测量方面，精度最高）；大量程测量兼有高分辨率；响应速度快，可实现动态测量，易于实现测量与数据处理的自动化；具有较强的抗干扰能力的特点。但光栅尺价格较昂贵，对工作环境要求较高，油污和灰尘会影响它的可靠性；玻璃光栅尺的线胀系数与机床不一致，易造成测量误差。故主要适用于实验室或环境较好的车间使用。

4. 光栅的应用

光栅传感器在几何测量领域有着广泛的应用，除了在与直线位移和角位移测量有关的精密仪器使用外，在测量振动、速度、应力、应变等机械测量中也有应用。

图 4-1-7 所示为光栅测量系统，A、B 两组光电池用于接收光栅移动时产生的莫尔条纹明暗信号，其中 A、$\overline{A}$（或 B、$\overline{B}$）为差动信号，起到抗传输干扰的作用；A 组和 B 组的光电池之间彼此错开 $W/4$，使莫尔条纹经光电转换后形成的脉冲信号相位差 $90°$，这样可根据相位的超前和滞后来判别光栅移动的方向。

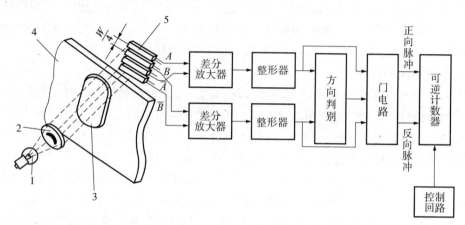

图 4-1-7　光栅测量系统

1—光源；2—聚光镜；3—指示光栅；4—标尺光源；5—光电池组

上述两组信号，经差动放大、整形、鉴相等电路的处理后，如图 4-1-8 所示，就可根据莫尔条纹的移动方向形成正向脉冲或反向脉冲，用可逆计数器进行计数，测量出光栅的实际位移。

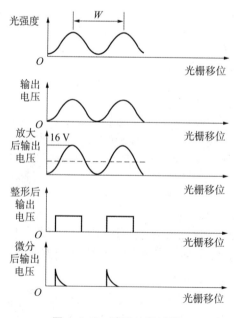

图 4-1-8　波形处理过程

5. 光栅的安装

光栅的安装比较灵活，可安装在机床的不同部位。一般将标尺光栅固定在机床的活动部件上，光栅扫描头安装在机床固定部件上，也可以将标尺光栅安装在机床固定部件上，把光栅扫描头（或读数头）固定在机床的活动部件上（此时输出电缆线的固定），为保证光栅传感器的稳定性、延长使用寿命，建议使用前一种安装方法。合理的安装方式还要考虑到切屑、切削冷却液等的溅落方向，要防止它们侵入光栅内部。

活动2 任务实施

1. 认识光栅及其配套的实验模块

本任务中使用的光栅如图4-1-9所示，与其配套的实验模块如图4-1-10所示。

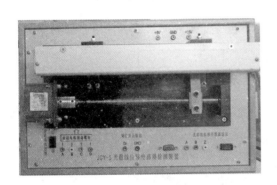

图4-1-9 光栅位移传感器

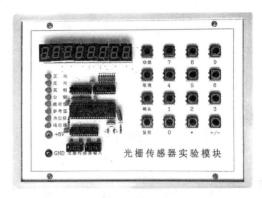

图4-1-10 光栅传感器实验模块

本任务中除了使用光栅位移传感器、光栅传感器实验模块外，还要用到直流稳压电源、数据采集卡、排线及双踪示波器。

2. 光栅传感器测量位移的工作原理

光栅测量位移的工作原理基于莫尔条纹现象，如图4-1-11所示。

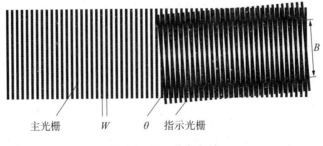

主光栅　　　W　　　θ　指示光栅

图4-1-11 莫尔条纹

设栅距为τ，夹角为θ，则莫尔条纹宽度W为$W=\dfrac{\tau}{\theta}$。当指示光栅与主光栅有相对运动时，莫尔条纹也做同步移动。由$W\gg\tau$，栅距被放大许多倍，光电元件测出莫尔条纹的移动，通过脉冲计数得到位移的度量。原理框图如图4-1-12所示。

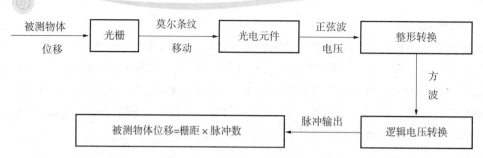

图 4-1-12　光栅测量位移原理框图

3. 任务实施步骤

（1）打开实验台电源，将直流稳压电源 15 V、5 V 接到 JCY-5 光栅线位移检测装置和光栅传感器模块。

问题 1：请在图 4-1-13 中正确接线。

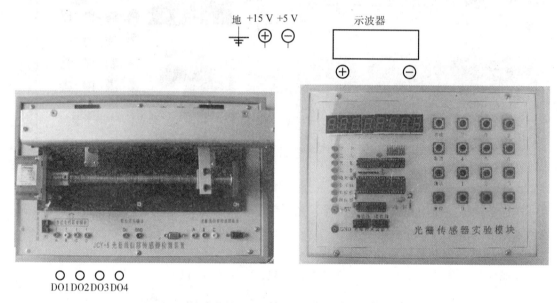

DO1 DO2 DO3 DO4

图 4-1-13　接线电路

（2）将采集卡的模拟量和开关量电缆接到采集卡接口（采集卡的地线要接到直流稳压电源地），采集卡接口 D01～D04 分别接到 JCY-5 光栅线位移传感器检测装置"步进电机驱动模块"的 A、B、C、D。光栅角位移传感器输出通过一根排线接到光栅传感器模块的"光栅传感器输入-线位移"。

问题 2：请在图 4-1-13 中正确接线。

（3）通过 USB 电缆将 USB 数据采集卡接入计算机，并打开虚拟示波器，点击电机控制，设置步长，选择步进电机，点击启动。

（4）通过改变"步长设置"的时间控制步进电机转动的速度。设置好光栅传感器模块，读出步进电机的步距。光栅传感器实验模块功能及操作说明见表 4-1-1 与表 4-1-2。

表 4-1-1　指示灯对应功能

指示灯	功能
8 位 LED 显示	显示数据，首位为符号
方向设定	设定点击转动方向：正向、反向
公英制转换	公制、英制
绝对、相对坐标转换	设置坐标形式
清零、参考值设定（预置）	清零、设定指示
光栅类型转换	选择光栅类型：角位移、线位移

表 4-1-2　对应操作（测量前先选择光栅类型）

设置类型	操作过程
光栅类型转换（圆：光栅灯亮）	"功能键"——光栅灯亮/灭——"确认"
清零（三种方法）	（1）按"取消"键； （2）按"0"键； （3）"功能"键——参考值灯亮——输入"0"——"确认"
置数	"功能键"——参考值灯亮——输入"×××"——"确认"——数据有效，开始测量
光栅零参考点	（1）绝对坐标状态："功能键"——参考值灯亮——移动光栅——过零点自动退出"参考"进入正常测量； （2）相对坐标状态：测量停止，输入数字后在输入数据基础上测量相对位移
绝对值（绝对值灯亮）	"功能键"——绝对值灯亮/灭——"确认"
英制转换（公英制灯亮）	"功能键"——公英制灯亮/灭——"确认"
方向设定（正反向灯亮）	"功能键"——方向灯亮/灭——"确认"

4. 数据处理

（1）请将设置的步长与读出的步进电机的步距填于表 4-1-3 中。

表 4-1-3　记录数据

步长										
步距										

（2）试分析设置的步长与电机步距之间的关系。

5. 小结

6. 清理工作台面

按规范要求清理工作现场、整理工具。

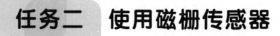

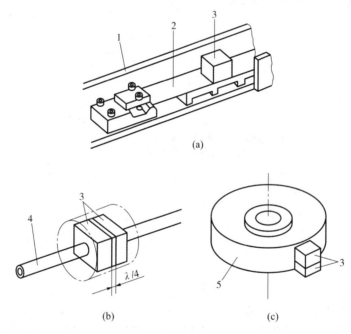

任务二　使用磁栅传感器

本任务主要介绍磁栅检测装置。通过学习，你会知道各种常用的磁栅测量装置的基本结构、工作过程及应用特点，并能根据工程要求正确选择安装和使用。

活动1　磁栅概述

磁栅又称磁尺，是一种磁电转换器。它是利用电磁特性和录磁原理进行位移检测的元件，是一种计算磁波数目的位置检测装置，图4-2-1所示为各种常用的磁栅。

图4-2-1　常用的磁栅

（a）带状磁栅；（b）线状磁栅；（c）圆形磁栅

1—框架；2—带状磁尺；3—磁头；4—磁尺；5—磁盘

1. 磁栅的结构和种类

1）磁栅的结构

磁栅检测装置主要由磁栅（磁尺）、磁头和检测电路组成，如图4-2-2所示。在磁性标尺上，有用录磁磁头录制的具有一定波长的方波或正弦波信号。检测时，拾磁磁头读取磁性标尺上的方波或正弦波电磁信号，并将其转化为电信号，根据此电信号，实现对位移的检测。

（1）磁栅。磁栅是一种录有磁化信息的标尺，常采用铜、不锈钢、玻璃等非导磁材料作为基体，在上面镀上一层 $10 \sim 30$ μm 厚的高导磁性材料，形成均匀磁膜，再用录磁磁头在磁膜上记录相等节距的周期性磁化信号（如方波和正弦波等），用以作为测量基准，如图

4-2-3 所示。这些磁信号就是一个个按 SN—NS—SN—NS……方向排列的小磁体。最后在磁膜的表面涂上一层 1~2 μm 厚的保护层，以防磨损。

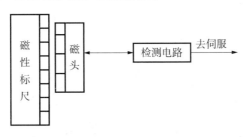

图 4-2-2　磁栅的组成

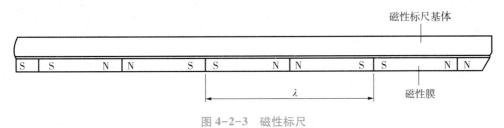

图 4-2-3　磁性标尺

（2）磁头。拾磁磁头是进行磁电转换的器件，它将磁性标尺上的磁信号检测出来，并转换成电信号。磁栅的磁头与一般录音机上使用的单间隙速度响应式磁头不同，它不仅能在磁头与磁性标尺之间有一定相对速度时拾取信号，而且也能在它们相对静止时拾取信号。这种磁头叫做磁通响应式磁头，其结构如图 4-2-4 所示，它的一个明显的特点就是在它的磁路中设有"可饱和铁芯"，并在铁芯的可饱和段上绕有两个可产生不同磁通方向的激磁绕组 N_2 和 N_3。

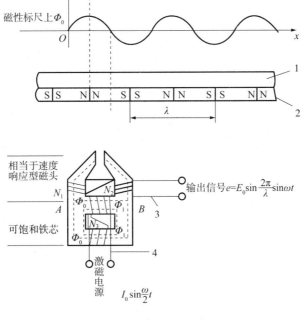

图 4-2-4　磁通响应式磁头

1—非导磁性材料基体；2—磁性膜；3—拾磁绕组；4—激磁绕组

（3）检测电路。检测电路包括磁头激磁电路、信号放大电路、滤波及辨向电路、细分内插电路、显示及控制电路等。

2）磁栅的种类

磁栅种类很多，按其结构可分为直线型磁栅和圆型磁栅，分别用于直线位移和角位移的测量。按磁栅基体的形状，磁栅可分为实体式磁栅、带状磁栅、线状磁栅和回转形磁栅。前三种磁栅用于直线位移测量，后一种用于角位移测量。各种磁尺结构形状如图4-2-5所示。

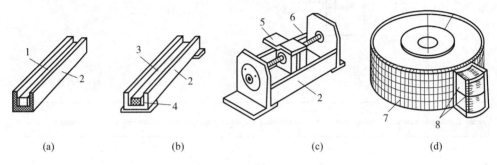

图 4-2-5　各种磁尺结构示意图

（a）实体式磁尺；（b）带状磁尺；（c）现状磁尺；（d）回转形磁尺

1—实体尺；2—尺座（屏蔽罩）；3—带状尺；4—尺垫（泡沫塑料）；5—磁头；

6—线状尺；7—磁尺；8—组合磁头

2. 磁栅的工作原理

图4-2-6所示为磁通响应式磁头及双磁头辨向示意图。由图可知，每个磁通响应式磁头由可饱和铁芯、两个串联的励磁绕组和两个串联的拾磁绕组（用于输出信号）组成，磁性标尺的节距为 λ。

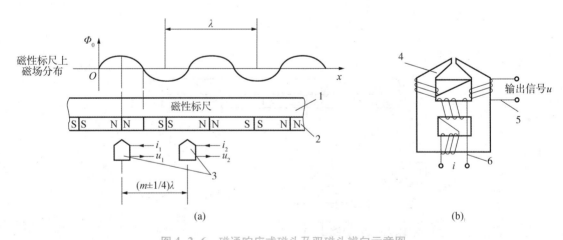

图 4-2-6　磁通响应式磁头及双磁头辨向示意图

（a）结构示意图；（b）磁头

1—非导磁性材料基体；2—磁膜；3—磁头；4—拾磁磁头；5—拾磁绕组；6—励磁绕组

当磁头的励磁绕组通入高频励磁电流 $i = I_0 \sin \omega t$ 时，则励磁电流在可饱和铁芯中产生的磁通与磁性标尺作用于磁头的磁通相叠加，使输出绕组上感应出频率为 2 倍高频励磁电流频率的输出电压，若磁头相对于磁性标尺的位移为 x，则输出电压为 $u_1 = U_m \sin\left(\dfrac{2\pi x}{\lambda}\right)\sin 2\omega t$。说明拾磁磁头输出电压的幅值是位移 x 的函数，与拾磁磁头和磁性标尺的相对速度无关。

图 4-2-5 中，在间距为 $\left(m \pm \dfrac{1}{4}\right)\lambda$（$m$ 为正整数）的位置上安装的另一只磁头，其输出电压 u_2 与 u_1 相位差为 90°。磁头在磁性标尺上的移动方向正是通过这两个磁头输出信号的超前和滞后来进行辨别的。

3. 磁栅的特点

磁栅具有制作工艺简单、易于安装、便于调整、测量范围广、不需要接长、对使用环境的条件要求低、对周围电磁场的抗干扰能力强，在油污、粉尘较多的场合下使用有较好的稳定性等特点。此外，当需要时，可将原来的磁信号（磁栅）抹去，重新录制；可以安装在机床上后再录制磁信号，这对于消除安装误差和机床本身的几何误差，以及提高测量精度都是十分有利的。磁栅还可以采用激光定位录磁，而不需要采用感光、腐蚀等工艺，因而精度较高，可达 ±0.01 mm/m，分辨率为 1~5 nm。故在数控机床、精密机床上和各种测量机构中得到广泛应用。但磁栅的测量精度低于光栅尺，由于磁信号强度随使用时间而不断减弱，因此需要重新录磁，给使用带来不便。且目前数控机床的快速移动的速度已达到 24 m/min，磁栅作为测量元件难以跟上这样高的反应速度，使其应用受到限制。

4. 磁栅的应用

1）多磁头测量

使用单磁头输出信号小，而且对磁尺上的磁化信号的节距和波形精度要求高，因此不能采用饱和录磁，为此，在使用时将几十个磁头以一定方式连接起来，组成多磁头串联方式，如图 4-2-7 所示。每个磁头以相同间距 $\lambda/2$ 配置，并将相邻两个磁头的输出线圈反相串联，其总的输出电压是每个磁头输出电压的叠加。当相邻两个磁头的间距 $\lambda_m/2$ 恰好等于磁尺上磁化信号的节距的 1/2 和 $\lambda/\lambda_m = 3，5，7$ 时，总的输出就是最大，其他情况下总的输出最小。为了辨别磁头与磁尺相对移动的方向，通常采用两组磁头彼此相距 $(m+1/4)\lambda$（m 为正整数）的配置，如图 4-2-8 所示。若以其中的一相磁头输出信号作为参考信号，则另一相将超前或滞后于参考信号 90°，由此来确定运动方向。

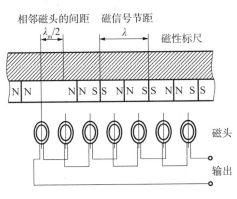

图 4-2-7 多磁头串联

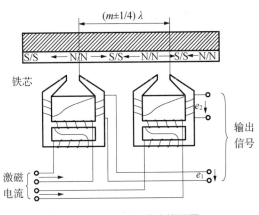

图 4-2-8 两组磁头的配置

2）磁栅检测系统

磁栅检测系统原理的方框图如图4-2-9所示，由脉冲发生器发出400 kHz脉冲序列，经80分频，得到5 kHz的激磁信号，再经带通滤波器变成正弦波后分成两路：一路经功率放大器送到第一组的磁头的激磁线圈；另一路经45°移相，后由功率放大器送到第二组的激磁线圈，从两组磁头读出信号（e_1，e_2），由求和电路去求和，即可得到相位随位移 X 而变化的合成信号，将该信号进行放大、滤波、整形后变成10 kHz的方波，再与一相激磁电流（基准相位）鉴相以细分内插的原理，即可得到分辨率为5 μm（磁尺上的磁化信号节距200 μm）的位移测量脉冲，该脉冲可送至显示计数器或位置检测控制回路。

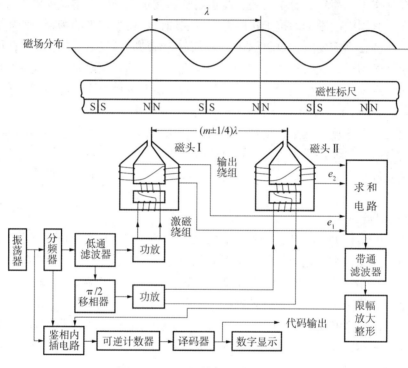

图 4-2-9　磁栅检测系统原理框图

5. 磁栅的安装

图4-2-10所示为直线型磁栅传感器安装示意图。图中 A、B 为磁性标尺的安装面，C 为磁头安装面，尺寸 D 为 B 面和 C 面的距离，上述各面安装尺寸公差，见表4-2-1。

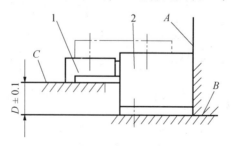

图 4-2-10　直线型磁栅传感器安装示意图

1—磁头；2—磁性标尺

表 4-2-1　直线型磁栅传感器安装尺寸公差

A 面与 B 面的垂直度	0.1
C 面与导轨的平行度	0.1
B 面与 C 面的平行度	0.05
B、C 面的距离	$D\pm0.1$

活动 2　任务实施

1. 认识磁栅

本任务中使用的磁栅如图 4-2-11 所示。

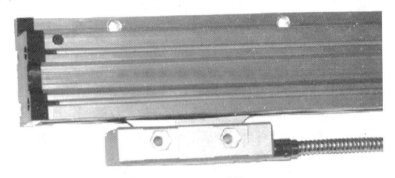

图 4-2-11　磁栅

2. 任务实施步骤

（1）根据实物认识常用磁栅的基本结构。

（2）通过网络，分组查询磁栅的相关资料，如主要参数、使用方法、应用实例等，并整理成文稿。

（3）根据磁栅在数控机床中应用的思路，分组完成用磁栅来实现数控机床运动控制的设计，并指出所用的相关器材。

3. 任务小结

根据所学知识及查阅资料，总结磁栅的使用方法及应用。

4. 小结

5. 清理工作台面

按规范要求清理工作现场、整理工具。

任务三　使用编码器

本任务主要学习编码器的应用技术。通过学习，了解各种常用的编码器的基本结构、工作过程及应用特点，并能根据工程要求正确选择安装和使用。

活动1 编码器概述

脉冲编码器是一种旋转式脉冲发生器。它通常安装在被测轴上，与被测轴一起转动，将机械转动的模拟量（位移）转换为以数字代码形式表示的电信号，编码器以其高精度、高

图4-3-1 常用的脉冲编码器

分辨率和高可靠性被广泛用于各种位移的测量。图4-3-1所示为常用的各种脉冲编码器。

脉冲编码器根据内部结构和检测方式可分为接触式、电磁式和光电式3种。

1. 编码器的种类

1）接触式编码器

接触式编码器的优点是简单，体积小，输出信号强，不需放大；缺点是存在电刷的磨损问题，故寿命短，转速不能太高（几十转/分），而且精度受到最高位（最内圈上）分段宽度的限制。目前，电刷最小宽度可做到 0.1 mm 左右。最高位每段宽度可达 0.25 mm，最多可做到 11~12 位二进制（一般 9 位）。如果要求位数更多，可用两个编码盘构成组合码盘。例如，用两个 6 位编码盘组合起来，其中一个作精测，一个作粗测，精盘转一圈，粗盘最低位刚好移过一格。这样就可得到和 11 位或 12 位相当的编码盘。既达到了扩大位数、提高精度的目的，又避免了分段宽度小所造成的困难。

2）电磁式编码器

电磁式编码盘是在导磁性较好的软铁或坡莫合金圆盘上，用腐蚀的方法做成相应码制的凹凸图形。当有磁通穿过编码盘时，由于圆盘凹下去的地方磁导小，凸起的地方磁导大，其在磁感应线圈上产生的感应电势因此而不同，因而可区分"0"和"1"，达到测量转角的目的。电磁式编码盘也是一种无接触式的编码盘，具有寿命长、转速高等优点。其精度可达到很高（达 20 位左右的二进制数），是一种有发展前途的直接编码式测量元件。

3）光电式编码器

光电式编码盘是目前用得较多的一种。该编码盘由透明与不透明区域构成。转动时，由光电元件接收相应的编码信号。其优点是没有接触磨损，编码盘寿命长，允许转速高，而且最内层每片宽度可做得更小，因而精度较高。单个编码盘可做到 18 位二进制数，组合编码盘可达 22 位。缺点是结构复杂，价格高，光源寿命短。光电式编码器主要由安装在旋转轴上的编码圆盘（码盘）、狭缝以及安装在圆盘两边的光源和光敏元件等组成。

本任务以数控机床上广泛使用的光电式脉冲编码器为例介绍其工作原理及应用，光电式传感器常有增量式光电编码器和绝对式编码器两种。

2. 工作原理

1）增量式光电脉冲编码器

增量式光电编码盘也称光电码盘，它结构简单，被广泛应用于各种数控机床、工业控制设备及仪器中。增量式光电编码盘可分为玻璃光栅盘式、金属光栅盘式和脉冲测速电机式3种。

增量式光电编码器由 LED（带聚光镜的发光二极管）、光栏板、码盘、光敏元件及印制电路板（信号处理电路）组成，如图4-3-2所示。图中码盘与转轴连在一起，它一般是由真空

镀膜的玻璃制成的圆盘，在圆周上刻有间距相等的细密狭缝和一条零标志槽，分为透光和不透光两部分；光栏板是一小块扇形薄片，制有和码盘相同的三组透光狭缝，其中 A 组与 B 组条纹彼此错开1/4节距，狭缝 A、$\overline{A}$ 和 B、$\overline{B}$ 在同一圆周上，另外一组透光狭缝 Z、$\overline{Z}$ 叫做零位狭缝，用以每转产生一个脉冲，光栏板与码盘平行安装且固定不动；LED 作为平行光源与光敏元件分别置于码盘的两侧。

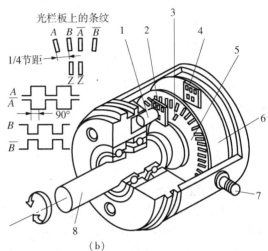

（a） （b）

图 4-3-2 光电式编码器的实物结构图

（a）实物图；（b）结构图

1—LED；2—光栏板；3—零标志槽；4—光敏元件；5—码盘；6—印制电路板；
7—电源及信号线连接座；8—转轴

图 4-3-3 所示为增量式光电脉冲编码器工作示意图。编码器光源产生的光经光学系统形成一束平行光投射在码盘上，当码盘随轴一起，每转过一个缝隙就发生一次光线的明暗变化，由光敏元件接收后，变成一次电信号的强弱变化，这一变化规律近似于正弦函数。光敏元件输出的信号经信号处理电路的整形、放大和微分处理后，便得到脉冲输出信号，如图4-3-4所示。脉冲数就等于转过的缝隙数（即转过的角度），脉冲频率就表示了转速。

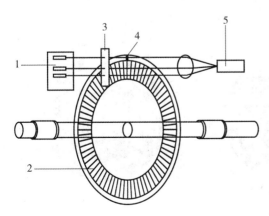

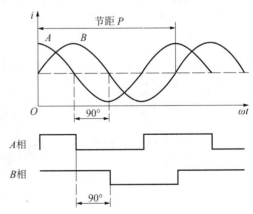

图 4-3-3 增量式光电脉冲编码器工作示意图

1—光敏元件；2—码盘；3—光栏板；
4—零标志槽；5—光源

图 4-3-4 增量式光电脉冲编码器输出信号

由于 A 组与 B 组的狭缝彼此错开 1/4 节距，故此两组信号有 90° 相位差，用于辨向，即光电码盘正转时 A 信号超前 B 信号 90°，反之，B 信号超前 A 信号 90°，如图 4-3-4 所示。

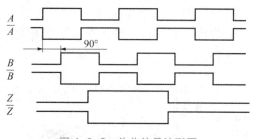

图 4-3-5　差分信号波形图

在数控机床上为了提高光电式编码器输出信号传输时的抗干扰能力，要利用特定的电路把输出信号 A、B、Z 进行差分处理，得到差分信号 A、$\bar{A}$、B、$\bar{B}$、Z、$\bar{Z}$，它们的波形如图 4-3-5 所示，其特点是两两反相。其中 Z、$\bar{Z}$ 差动信号对应于码盘上的零标志槽，产生的脉冲为基准脉冲，又称零点脉冲，它是轴旋转一周在固定位置上产生的一个脉冲，可用于机床基准点的找正。

增量式光电编码器的测量精度取决于它所能分辨的最小角度，这与码盘圆周内的狭缝数有关，其分辨角 $\alpha = \dfrac{360°}{狭缝数}$。

2）绝对式脉冲编码器

增量型编码器存在零点累计误差，抗干扰较差，接收设备的停机需断电记忆，开机应找零或参考位等问题，这些问题如选用绝对型编码器则可以解决。与增量式编码器不同的是，绝对式编码器通过读取编码盘上的图案直接将被测角位移用数字代码表示出来，且每一个角度位置均有对应的测量代码，因此这种测量方式即使断电也能测出被测轴的当前位置，即具有断电记忆功能。

图 4-3-6 所示为一个 4 位二进制接触式编码盘的示意图，图 4-3-6（a）中码盘与被测轴连在一起，涂黑的部分是导电区，其余是绝缘区，码盘外四圈按导电为"1"、绝缘为"0"组成二进制码。通常把组成编码的各圈称为码道，对应于 4 个码道并排安装有 4 个固定的电刷，电刷经电阻接电源负极。码盘最里面的一圈是公用的，它和各码道所有导电部分连在一起接电源正极。当码盘随轴一起转动时，与电刷串联的电阻上将出现两种情况：有电流通过，用"1"表示；无电流时，用"0"表示。出现相应的二进制代码，其中码道的圈数为二进制的位数，高位在内、低位在外，如图 4-3-6（b）所示。图 4-3-6（c）所示为 4 位格雷码盘，其特点是任何两个相邻数码间只有一位是变化的，可减少因电刷安装位置或接触不良造成的读数误差，所以目前绝对式编码器大多采用格雷码盘。

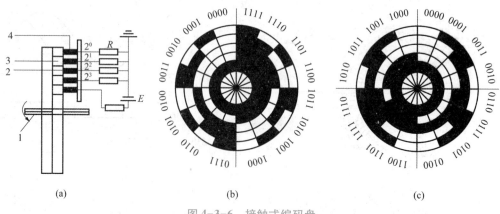

（a）　　　　　　　　　　（b）　　　　　　　　　　（c）

图 4-3-6　接触式编码盘

1—转轴；2—导电体；3—绝缘体；4—电刷

通过上述分析可知，对于一个 n 位的二进制码盘，就有 n 圈码道，且圆周均分 2^n 等分，即共用 2^n 个数据来表示其不同的位置，其能分辨的角度为 $\alpha = \dfrac{360°}{2^n}$。显然，位数越大，测量精度越高。

绝对式光电码盘与接触式码盘结构相似，只是将接触式码盘导电区和绝缘区改为透光区和不透光区，由码道上的一组光电元件接受相应的编码信号，即受光输出为高电平（用"1"表示），不受光输出为低电平（用"0"表示）。这样无论码盘转到哪一个角度位置，均对应唯一的编码。光电码盘的特点是没有接触磨损、码盘寿命高、允许转速高、精度高，但结构复杂、光源寿命短。

3. 脉冲编码器的特点

脉冲编码器具有高精度、高分辨力、高可靠性及响应速度快等特点，其缺点是抗污染能力差，容易损坏。脉冲编码器按其编码的处理形式不同可分为增量式和绝对式两种类型。增量式测量的特点是只测量位移的增量，这种检测方式结构比较简单，但缺陷是一旦计数有误，此后的测量结果全错，或发生故障（如断电等），排除后不能找到事故前的正确位置；绝对式测量的特点是被测量的任一点的位置都是从一个固定的零点算起，每个被测点都有相应的测量值，常以数据形式表示，因此，不易被丢失。

4. 脉冲编码器的应用

编码器作为位置检测装置传动控制的重要组成部分，其作用就是检测位移量，并发出反馈信号与控制装置发出的指令信号相比较，若有偏差，经放大后控制执行部件使其向着消除偏差的方向运动，直至偏差等于零为止。编码器作为信号检测的方法，已经广泛用于数控机床、纺织机械、冶金机械、石油机械、矿山机械、印刷包装机械、塑料机械、试验机、电梯、伺服电机、航空、仪器仪表等工业自动化领域。

光电式脉冲编码器在数控机床中与伺服电动机同轴相连成一体，并与滚珠丝杠接在一起置于进给传动链的前端，或与滚珠丝杠连接在进给传动链的末端，可用于工作台或刀架的直线位移的测量；在数控回转工作台中，通过在回转轴末端安装编码器，可直接测量回转台的角位移；在数控车床的主轴上安装编码器后，可实现 C 轴控制，用以控制自动换刀时的主轴准停和车削螺纹时的进刀点和退刀点的定位；在交流伺服电动机中的光电编码器可以检测电动机转子磁极相对于定子绕组的角度位置，控制电动机的运转，并可以通过频率/电压（F/U）转换电路、提供速度反馈信号等，此外，在进给坐标轴中，还应用一种手摇脉冲发生器，如图 4-3-7 所示，用于慢速对刀和手动调整机床。

图 4-3-7　手摇脉冲发生器

5. 编码器的安装

1）机械方面

编码器实心轴与外部连接应避免刚性连接，而应采用弹性联轴器、尼龙齿轮或同步带连接传动。避免因用户轴的窜动、跳动造成编码器轴系和码盘的损坏；安装编码器空心轴与电机轴是间隙配合，不能过紧或过松，定位间也不得过紧，严禁敲打装入，以免损坏轴系和码盘；有锁紧环的编码器在装入电机轴前，严禁锁紧，以防止轴壁永久变形，造成编码器的装卸困难；应保证编码器轴与用户输出轴的同轴度≤0.02 mm，两轴线的偏角≤1.5°，如图4-3-8所示；长期使用时，要检查板弹簧相对编码器是否松动、固定编码器的螺钉是否松动。

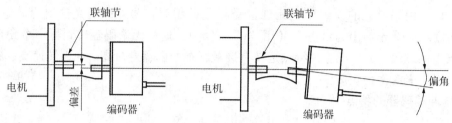

图4-3-8　编码器轴与连接轴安装示意图

2）环境方面

编码器是精密仪器，使用时要注意周围有无振源及干扰源；不是防漏结构的编码器不要溅上水、油等，必要时要加上防护罩；要注意环境温度、湿度是否在仪器使用要求范围之内；要避免在强电磁波环境中使用。

3）电气方面

接地线应尽量粗，一般应大于Φ3 mm；不要将编码器的输出线与动力线等绕在一起或同一管道传输，也不宜在配线盘附近使用，以防干扰；编码器的输出线彼此不要搭接，以免损坏输出电路；编码器的信号线不要接到直流电源上或交流电流上，以免损坏输出电路；与编码器相连的电动机等设备，应接地良好，不要有静电；配线时，应采用屏蔽电缆；开机前，应仔细检查，产品说明书与编码器型号是否相符；接线务必要正确，错误接线会导致内部电路损坏，在初次启动前对未用电缆要进行绝缘处理；长距离传输时，应考虑信号衰减因素，选用输出阻抗低，抗干扰能力强的输出方式。

活动2　任务实施

1. 认识编码器

本任务中使用的编码器如图4-3-9所示。

图4-3-9　编码器

本任务中除了使用编码器外，还要用到直流稳压电源、示波器及脉冲计数器。

2. 增量式光电编码器的工作原理

增量式光电编码器输出A、B两相互差90°电度角的脉冲信号（即所谓的两组正交输出信号），从而可方便地判断出旋转方向。同时还有用做参考零位的Z相标志（指示）脉冲信号，码盘每旋转一周，只发出一个标志信号。标志脉冲通常用来指示机械位置或对积累量清零。

增量式光电编码器主要由光源、码盘、检测光栅、光电检测器件和转换电路组成，如图4-3-10所示。码盘上刻有节距相等的辐射状透光缝隙，相邻两个透光缝隙之间代表一个增量周期；检测光栅上刻有 A、B 两组与码盘相对应的透光缝隙，用以通过或阻挡光源和光电检测器件之间的光线。它们的节距和码盘上的节距相等，并且两组透光缝隙错开 1/4 节距，使得光电检测器件输出的信号在相位上相差 90°电度角。当码盘随着被测转轴转动时，检测光栅不动，光线透过码盘和检测光栅上的透过缝隙照射到光电检测器件上，光电检测器件就输出两组相位相差 90°电度角的近似于正弦波的电信号，电信号经过转换电路的信号处理，可以得到被测轴的转角或速度信息。增量式光电编码器输出信号波形如图 4-3-11 所示。

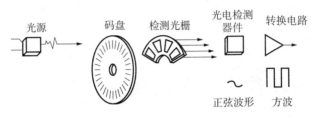

图 4-3-10 增量式光电编码器的组成

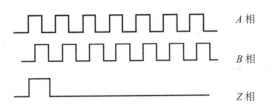

图 4-3-11 输出信号波形

3. 任务实施步骤

（1）将电源开关关掉，使直流电源的输入断电。

（2）将编码器电源线接到 5 V 电源上（正负极不可接反）。

（3）将编码器的 A、B 相接到脉冲计数器的输入端（按说明书的指示接）。

（4）将编码器的 Z 相接到示波器的输入端。

（5）接通电源，旋动编码器的转轴，观察脉冲计数器的读数及示波器上的波形变化。

问题 1：旋动编码器的转轴沿顺时针方向时读数_____（增加/减少），沿逆时针方向时_____（增加/减少）。

问题 2：转轴每转动一周，在示波器上可以观察到一次电压为 5 V 的矩形脉冲，其脉宽与转速成_____（正比/反比）。

（6）缓慢旋动编码器的转轴，通过示波器找到 Z 相脉冲，然后打开脉冲计数器，记录编码器旋转一周（两个 Z 相脉冲之间）A 或 B 相脉冲个数。

（7）将编码器的 A、B 相接到脉冲计数器的输入端及示波器的两个输入口，观察 A、B 两相的相位角。

问题 3：A、B 两相的相位角相差_____。

4. 数据处理

（1）分析 Z 相脉冲与 A、B 相脉冲个数之间的关系。

（2）分析 A、B 相脉冲与转向之间的关系，并画出波形图。

5. 小结

6. 清理工作台面

按规范要求清理工作现场、整理工具。

任务四　使用旋转变压器

本任务主要介绍旋转变压器的应用技术。通过学习，知道各种常用的旋转变压器的基本结构、工作过程及应用特点，并能根据工程要求正确选择安装和使用。

活动 1　旋转变压器概述

旋转变压器是一种电磁式传感器，又称同步分解器。它是一种测量角度用的小型交流电动机，用来测量旋转物体的转轴角位移和角速度，由定子和转子组成。图 4-4-1 所示为常用的各种旋转变压器。

图 4-4-1　旋转变压器

1. 旋转变压器的结构与分类

旋转变压器是间接测量装置，是一种利用输出电压随转子转角而变化的角位移检测传感器。旋转变压器的结构和两相绕线式异步电机的结构相似，可分为定子和转子两大部分。定子和转子的铁芯由铁镍软磁合金或硅钢薄板冲成的槽状芯片叠成。它们的绕组分别嵌入各自的槽状铁芯内。定子绕组通过固定在壳体上的接线柱直接引出，转子绕组有两种不同的引出方式。根据转子绕组两种不同的引出方式，旋转变压器分为有刷式和无刷式两种结构形式。

1）有刷式旋转变压器

图 4-4-2 是有刷式旋转变压器。它的转子绕组通过滑环和电刷直接引出，其特点是结构简单，体积小，但因电刷与滑环是机械滑动接触的，所以旋转变压器的可靠性差，寿命也

较短。

2）无刷式旋转变压器

图4-4-3是无刷式旋转变压器。它分为两大部分，即旋转变压器本体和附加变压器。附加变压器的原、副边铁芯及其线圈均成环形，分别固定于转子轴和壳体上，径向留有一定的间隙。旋转变压器本体的转子绕组与附加变压器原边线圈连在一起，在附加变压器原边线圈中的电信号，即转子绕组中的电信号，通过电磁耦合，经附加变压器副边线圈间接地送出去。这种结构避免了电刷与滑环之间的不良接触造成的影响，提高了旋转变压器的可靠性及使用寿命，但其体积、质量、成本均有所增加，无刷旋转变压器更适用于数控机床。

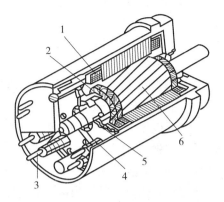

图4-4-2 有刷式旋转变压器

1—定子绕组；2—转子绕组；3—接线柱；
4—电刷；5—整流子；6—转子

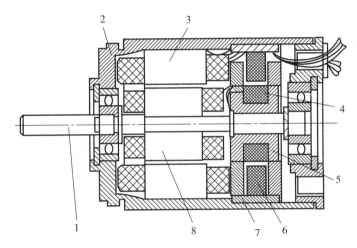

图4-4-3 无刷旋转变压器

1—转子轴；2—壳体；3—分解器定子；4—变压器一次线圈；
5—变压器转子线轴；6—变压器二次线圈；7—变压器定子；8—分解器转子

2. 旋转变压器的特点

旋转变压器具有结构简单、牢固，对工作环境要求不高，输出信号幅度大，抗干扰能力强等优点，故在连续控制系统中得到应用。但旋转变压器测量精度较低，为角、分数量级，使用范围受到一定的限制，一般只用于精度要求不高或大型机床的粗测及中等精度测量系统中。

3. 旋转变压器的工作原理

旋转变压器按照其绕组对数可分为单极对旋转变压器和双极对旋转变压器两种，下面分别介绍其工作原理。

1）单极对旋转变压器

旋转变压器是根据互感原理工作的，如图4-4-4所示。其定子与转子之间的气隙磁通呈正弦规律，因此当定子绕组加上交流电压 u_1 时，转子绕组输出电压的大小取决于定子和转子两绕组磁轴在空间的相对位置。若定子和转子绕组匝数之比为 k，两绕组轴线间夹角为 θ，则转子绕组产生的感应 u_2 为：

$$u_2 = ku_1\cos\theta = kU_\mathrm{m}\sin\omega t\cos\theta$$

只要测出转子绕组输出电压的幅值，即可得出转子相对定子的角位移 θ 的大小。

2）双极对旋转变压器

在实际应用中，考虑到使用的方便性和检测精度等因素，常采用四极绕组式双极对旋转变压器。这种结构形式的旋转变压器可分为鉴相式和鉴幅式两种工作方式。

（1）鉴相式工作方式。

鉴相式工作方式是一种根据旋转变压器转子绕组中感应电势的相位来确定被测位移大小的检测方式。如图 4-4-5 所示，定子绕组和转子绕组均由两个匝数相等且互相垂直的绕组组成。

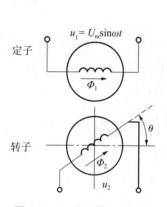

图 4-4-4 变压器工作过程

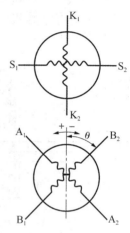

图 4-4-5 双极对旋转变压器

图中 S_1S_2 为定子主绕组，K_1K_2 为定子辅助绕组。当 S_1S_2 和 K_1K_2 中分别通以交变激磁电压 $u_{1s} = U_\mathrm{m}\sin\omega t$，$u_{1c} = U_\mathrm{m}\cos\omega t$ 时，则转子绕组中的感应电压 $u_2 = kU_\mathrm{m}\cos(\omega t-\theta)$，转子输出电压的相位角和转子的偏转角之间有严格的对应关系。这样，只要检测出转子输出电压的相位角，就可知道转子的转角。

在图 4-4-5 中，转子绕组 A_1A_2 接一高阻抗，它不作为旋转变压器的测量输出，主要起平衡磁场的作用，目的是为了提高测量精度。

（2）鉴幅式工作方式。

鉴幅式工作方式是通过对旋转变压器转子绕组中感应电势幅值的检测来实现位移检测。当 S_1S_2 和 K_1K_2 中分别通以交变激磁电压 $u_{1s} = u_{sm}\sin\omega t$，$u_{1c} = u_{cm}\sin\omega t$，$u_{sm} = U_\mathrm{m}\sin\alpha$，$u_{cm} = U_\mathrm{m}\cos\alpha$（$\alpha$ 为给定的电气角），则转子绕组中的感应电压 $u_2 = kU_\mathrm{m}\cos(\alpha-\theta)\sin\omega t$，转子感应电压的幅值随转子偏转角 θ 而变化。测量出幅值，即可求得转子的转角。

4. 旋转变压器的应用

旋转变压器是一种精密角度、位置、速度检测装置，适用于所有使用旋转编码器的场合，特别是高温、严寒、潮湿、高速、高振动等旋转编码器无法正常工作的场合。由于旋转变压器以上特点，可完全替代光电编码器，被广泛应用在伺服控制系统、机器人系统、机械工具、汽车、电力、冶金、纺织、印刷、航空航天、船舶、兵器、电子、冶金、矿山、油田、水利、化工、轻工、建筑等领域的角度、位置检测系统中。也可用于坐标变换、三角运算和角度数据传输、作为两相移相器用在角度-数字转换装置中。

活动2　任务实施

1. 认识旋转变压器

本任务中使用的旋转变压器如图4-4-6所示。

图4-4-6　旋转变压器

本任务中除了使用旋转变压器外，还要用到电源控制屏及旋转变压器中频电源。

2. 旋转变压器特性测试的工作原理

本任务实施中采用的HK54旋转变压器实验装置由旋转变压器中频电源和旋转变压器实验仪两部分组成，原理框图如图4-4-7所示。

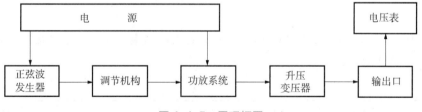

图4-4-7　原理框图

1）相关技术参数

本装置采用的中频电源和旋转变压器的相关技术参数见表4-4-1和表4-4-2。

表4-4-1　中频电源的技术参数

项目	波形	频率/Hz	电压/V	失真度/%	负载
技术参数	正弦波	400±5	0~70	1	36XZ20-5 旋转变压器

表4-4-2　36XZ20-5型旋转变压器的技术参数

项目	电压/V	电压比	频率/Hz	空载阻抗/Ω	绝缘电阻/MΩ	精度	激励
技术参数	60	0.56	400	2 000	≥100	1级	定子

2）刻度盘

本装置将旋转变压器转轴与刻度盘固紧连接，使用时旋转刻度盘手柄即可完成转轴旋转。刻度盘上的分尺有 20 小格刻度线，每小格为 3′，转角按游标尺读数。将固紧滚花螺母拧松后，便可轻松旋转刻度盘（不允许用力向外拉，以防轴头变形）。需固定刻度盘时，可旋紧滚花螺母。

3）接线柱

本装置将旋转变压器的引线端与接线柱一一对应连接，使用时根据实验接线图用手枪插头（或鳄鱼夹），将接线柱连接即可完成实验要求。

3. 任务实施步骤

1）测定双极对旋转变压器空载时的输出特性

（1）按图 4-4-8 所示接线。图中 D_1、D_2 为激磁绕组，Z_1、Z_2 为余弦绕组，R_L 阻值调定在 1 200 Ω。

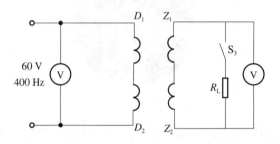

图 4-4-8　正余弦旋转变压器空载及负载实验接线

（2）在定子励磁绕组两端 D_1、D_2 施加额定电压 U_{fN}（60 V、400 Hz），且保持不变。

（3）用手缓慢旋转刻度盘，找出余弦输出绕组输出电压为最小值的位置，此位置即为起始零位。

（4）在 0°～180° 间每转角 10° 测量转子余弦空载输出电压 U_{r0} 与刻度盘转角 a 的数值，并记录于表 4-4-3 中。

表 4-4-3　记录数据

$\alpha/(°)$	0	10	20	30	40	50	60	70	80	90
U_{r0}/V										
$\alpha/(°)$	100	120	120	130	140	150	160	170	180	
U_{r0}/V										

2）测定负载对输出特性的影响

（1）在图 4-4-8 中，开关 S_3 闭合，使双极对旋转变压器带负载电阻 R_L 运行。

（2）重复实验方法 1）中（2）、（3）、（4）步骤，记录余弦负载输出电压 U_{rL} 与转角 α 的数值，并记录于表 4-4-4 中。

表 4-4-4　记录数据

$\alpha/(°)$	0	10	20	30	40	50	60	70	80	90
U_{rL}/V										
$\alpha/(°)$	100	120	120	130	140	150	160	170	180	
U_{rL}/V										

3）测量二次侧补偿后负载时输出特性

（1）在图 4-4-9 中，闭合 S 接通负载电阻 R_L，且使二次侧正弦输出绕组端 Z_3、Z_4 经补偿电阻 R 闭合。

（2）重复实验方法 1）中（2）、（3）、（4）的步骤，记录余弦负载输出电压 U_{rL} 与转角 α 的数值，并记录于表 4-4-5 中。实验时，注意一次侧输出电流的变化。

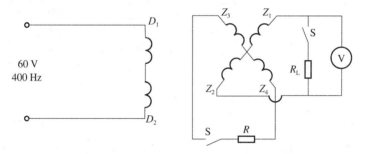

图 4-4-9　二次侧补偿后负载时输出特性接线图

表 4-4-5　记录数据

$\alpha/(°)$	0	10	20	30	40	50	60	70	80	90
U_{rL}/V										
$\alpha/(°)$	100	120	120	130	140	150	160	170	180	
U_{rL}/V										

4）测量一次侧补偿后负载时输出特性

（1）在图 4-4-10 中，开关 S_3 闭合，接通负载电阻 R_L，同时把一次侧接成补偿电路。

（2）重复实验方法 1）中（2）、（3）、（4）的步骤，记录余弦负载输出电压 U_{rL} 与转角 α 的数值，并记录于表 4-4-6 中。

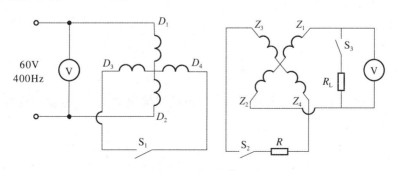

图 4-4-10　一次侧补偿后负载时输出特性接线

表4-4-6 记录数据

α/(°)	0	10	20	30	40	50	60	70	80	90
U_{rL}/V										
α/(°)	100	120	120	130	140	150	160	170	180	
U_{rL}/V										

5）完成双极对旋转变压器作线性应用时的接线

（1）按图4-4-11接线。图中 R_L 用万用表调至 1 200 Ω 固定不变。

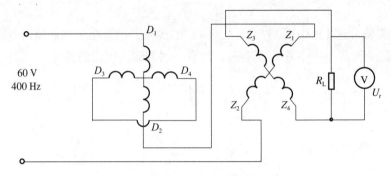

图4-4-11 正余弦旋转变压器作线性应用时的接线

（2）重复实验1）中（2）、（3）、（4）的步骤，在-60°至60°间，每转角10°记录输出电压 U_r 与转角 α 的数值，并记录于表4-4-7中。

表4-4-7 记录数据

α/(°)	0	10	20	30	40	50	60	70	80	90
U_r/V										
α/(°)	100	120	120	130	140	150	160	170	180	
U_r/V										

4. 数据处理

（1）根据表4-4-3的实验记录数据，绘制正余弦旋转变压器空载时输出电压 U_{r0} 与转子转角 α 的关系曲线，即 $U_{r0} = f(\alpha)$。

（2）根据表4-4-4的实验记录数据，绘制负载时输出电压 U_{rL} 与转子转角 α 的关系曲线，即 $U_{rL} = f(\alpha)$。

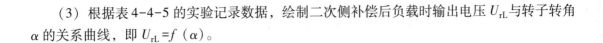

（3）根据表 4-4-5 的实验记录数据，绘制二次侧补偿后负载时输出电压 U_{rL} 与转子转角 α 的关系曲线，即 $U_{rL}=f(\alpha)$。

（4）根据表 4-4-6 的实验记录数据，绘制一次侧补偿后负载时输出电压 U_{rL} 与转子转角 α 的关系曲线，即 $U_{rL}=f(\alpha)$。

（5）根据表 4-4-7 的实验记录数据，绘制正余弦旋转变压器作线性应用时输出电压 U_r 与转子转角 α 的关系曲线，即 $U_r=f(\alpha)$。

5. 小结

6. 清理工作台面

按规范要求清理工作现场、整理工具。

任务五 使用感应同步器

本任务主要介绍感应同步器的应用技术。通过学习，知道各种常用的旋转变压器的基本结构、工作过程及应用特点，并能根据工程要求正确选择安装和使用。

活动1 感应同步器概述

感应同步器是由旋转变压器演变而来的，它利用两个平面形绕组的互感随相对位置不同而变化的原理，将直线位移或用位移转换成电信号，它相当于一个展开的多极旋转变压器。感应同步器主要用于测量线位移、角位移以及与此相关的物理量如转速、振动等。图 4-5-1

173

所示为各种感应同步器。

图 4-5-1　感应同步器

1. 感应同步器的分类

感应同步器是一种电磁式位置检测元件，按其运动形式和结构形式的不同，一般分为直线式和旋转式两种。直线式感应同步器由定尺和滑尺组成，旋转式感应同步器由转子和定子组成，分别如图 4-5-2 和图 4-5-3 所示。前者用于直线位移测量，后者用于角位移测量。它们的工作原理都与旋转变压器相似。本任务仅以直线式感应同步器为例，对其结构特点和工作原理进行叙述。

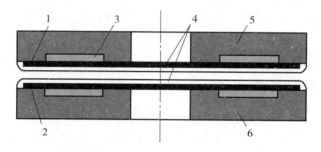

图 4-5-2　旋转式光栅

1—定子绕组板；2—转子绕组板；3—胶黏剂；4—静电屏蔽层；

5—定子基板；6—转子基板

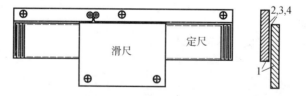

图 4-5-3　直线式光栅

1—定尺和滑尺基板；2，3，4—定尺和滑尺绕组、绝缘层、屏蔽层

2. 直线式感应同步器的结构

图 4-5-4 所示为直线式感应同步器的外观及安装示意图。由图可知，直线式感应同步器由相对平行移动的定尺和滑尺组成，定尺安装在床身上，滑尺安装在移动部件上与定尺保持 0.2~0.3 mm 间隙平行放置，并随工作台一起移动。定尺上的绕组是单向、均匀、连续的；滑尺上有两组绕组，一组为正弦绕组 u_s，另一组为余弦绕组 u_c，其节距均与定尺绕组节距相同，为 2 mm，用 τ 表示。当正弦绕组与定尺绕组对齐时，余弦绕组与定尺绕组相差 $\frac{1}{4}$ 节距，即 90°相位角，如图 4-5-5 所示。

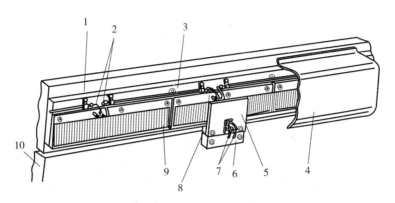

图 4-5-4　直线式感应同步器的外观及安装示意图

1—运动部件（工作台）；2—定尺绕组引线；3—定尺座；4—防护罩；5—滑尺；
6—滑尺座；7—滑尺绕组引线；8—调整垫；9—定尺；10—固定部件（床身）

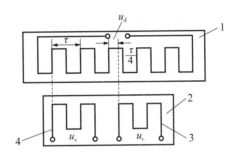

图 4-5-5　直线式感应同步器的结构

1—定尺；2—滑尺；3—余弦励磁绕组；4—正弦励磁绕组

3. 直线式感应同步器的工作原理

感应同步器利用电磁耦合原理，通过两个绕组的互感量随位置的变化来检测位移量。从图 4-5-5 可以看出，滑尺的两个绕组中的任一绕组通以交变激磁电压时，由于电磁效应，定尺绕组上必然产生相应的感应电势。感应电势的大小取决于滑尺相对于定尺的位置。图 4-5-6 所示给出了滑尺（滑尺绕组）相对于定尺（定尺绕组）处于不同的位置时，定尺绕组中感应电势的变化情况。图中 A 点表示滑尺绕组与定尺绕组重合，这时定尺绕组中的感应电势最大；如果滑尺相对于定尺从 A 点逐渐向左（或右）平行移动，感应电势就随之逐渐减小，在两绕组刚好错开 1/4 节距的位置 B 点，感应电势减为零；若再继续移动，移到 1/2 节距的 C 点，感应电势相应地变为与 A 位置相同，但极性相反，到达 3/4 节距的 D 点时，感应电势再一次变为零；其后，移动了一个节距到达 E 点，情况就又与 A 点相同了，相当于又回到了 A 点。这样，滑尺在移动一个节距的过程中，感应同步器定尺绕组的感应电势近似于余弦函数变化了一个周期。

若定尺和滑尺的相对位移是 x，定子绕组感应电压因机械位移引起的相位角的变化为 θ 时，则定尺绕组中的感应电压为：

$$u_{\mathrm{d}} = kU_{\mathrm{m}}\cos\theta\sin\omega t = kU_{\mathrm{m}}\cos\frac{2\pi x}{\tau}\sin\omega t$$

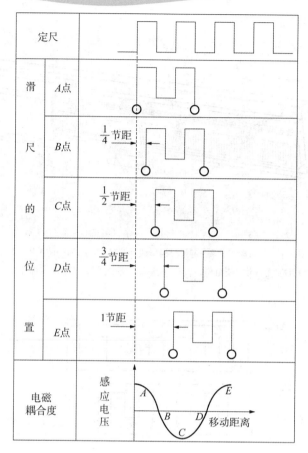

图 4-5-6　感应同步器的工作原理

只要测量出 u_d 的值，便可得出 θ 角，得出滑尺相对于定尺移动的距离 x。

4. 感应同步器的特点

感应同步器具有精度高、抗干扰能力强、工作可靠、对工作环境要求低、维护方便、寿命长、制造工艺简单等特点。它与数显表配合使用，能测出 0.01 mm 甚至 0.001 mm 的直线位移或 0.5″的角位移，并能实现数字显示，还可以实现大位移的测量（当测量长度大于 250 mm 时，在累积误差不变的情况下被接长），所以被广泛应用于自动化检测和控制系统中。但感应同步器的缺点是信号处理方式较复杂，测量精度受到测量方法的限制。

5. 感应同步器的应用

感应同步器的应用非常广泛，可用于测量线位移、角位移以及与此相关的物理量如转速、振动等。直线式感应同步器已经广泛应用于大型精密坐标镗床、坐标铣床及其他数控机床的定位、数控和数显，圆盘式感应同步器常用于雷达天线定位跟踪、导弹制导、精密机床或测量仪器设备的分度装置等。

感应同步器与旋转变压器一样，有鉴相式和鉴幅式两种工作方式。

1）鉴相式工作方式

在鉴相式工作方式中，控制系统要将指令信号与反馈信号都变成某个载波的相位，然后通过二者相位的比较，得到实际位置与指令位置的偏差，该系统称为相位比较伺服系统，如

图4-5-7所示。

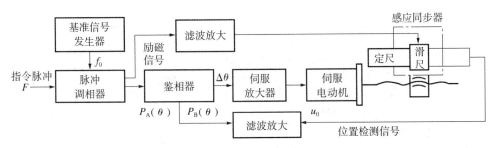

图 4-5-7　相位比较伺服系统结构框图

图中脉冲调相器也称为脉冲-相位变换器，其作用是将输入的指令脉冲数变换成输出信号的相位位移；鉴相器又称相位比较器，其作用是鉴别指令信号与反馈信号的相位，判别二者之间相位差的大小以及相位的超前、滞后变化，把它变成一个带极性的误差电压信号。

2）鉴幅式工作方式

在数控机床中，位置检测元件旋转变压器或感应同步器采用幅值工作方式，输出模拟信号，其特点是幅值的大小与机械位移成正比。若将此信号作为位置反馈信号与指令信号比较而构成的闭环系统就称为幅值比较伺服系统，如图 4-5-8 所示。

图中，比较环节采用的是与脉冲比较伺服系统中相同的可逆计数器；鉴幅器的作用是将感应同步器输出的交变信号转换成相应的直流信号；U/f 变换器，即电压/频率器，其作用是将鉴幅器输出的直流电压信号变换成相应的脉冲序列。实现电压/频率变换的方法很多，其中比较简单常用的电路是由 CMOS 施密特触发器组成的压控振荡器（简称 VCO）；正余弦发生器是一些高频变压器绕组，其作用是供给滑尺正余弦绕组的励磁信号，此信号为一系列脉宽可调的方波脉冲，它将给定的电气角与励磁脉冲宽度联系起来。

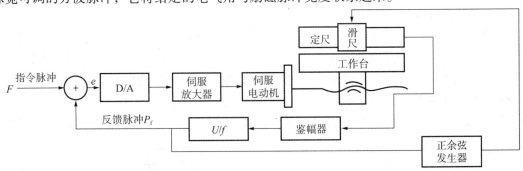

图 4-5-8　幅值比较伺服系统结构框图

活动 2　任务实施

1. 认识感应同步器及感应同步器数显表

本任务中使用的感应同步器如图 4-5-9 所示，与其配套使用的 SP2 型数显表如图 4-5-10所示。

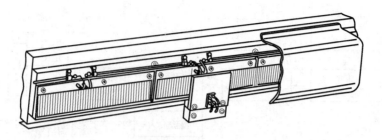

图 4-5-9　感应同步器

图 4-5-10　SF2P 型数显表

2. 感应同步器数显表的工作原理

1）数显表工作原理

数显表（感应同步器数显表）是以直线感应同步器（周期为 2mm）为检测元件的自动测量直线位移的数字化仪器。SF2P 型数显表是根据感应同步器输出信号的幅值来鉴别机械位移，并通过数字反映出来的方式达到与机床跟踪和同步的目的。

2）数显表前面板的基本操作

（1）初态按钮。按一下"初态"按钮，显示尺位，即数显表能自动寻找感应同步器定、滑尺在半个节距内的相对位置，并显示其相对位置值。此按钮可检查数显表是否正常工作。按下时显示计数器和数模转换计数器均同时回零；放开时则同时计数到尺位。连按数次，显示无误，则说明数显表工作正常。

（2）复零按钮。"复零"按钮为显示计数器清零按钮，按一下，LED 数码管显示全部为零。

（3）置数按钮及拨盘开关。根据操作者实际需要，只要先拨好拨盘上的"＋""－"符号及"0~9"，然后拨一下"置数"按钮即可在 LED 数码管上显示拨盘上的数字符号。

3）数显表后面板的基本操作

SF2P 型数显表后面板部分包括电源插座，"前置"插座、"激磁"插座，增益电位器和接地柱。

（1）电源插座。采用一体化插座，此插座必须分别接"相线""零线""大地"。开关置于上端，中间为卡入式保险座，换保险丝柱时须先拨出电源线后，用手指向上往外抽出即可。

（2）"前置"插座、"激磁"插座。"前置"插座通过电缆与前置放大器盒相连，该电缆插头为 5 芯航空插头。前置放大器盒的另一端焊接在感接同步器的定尺上。"激磁"插座通过电缆与激磁盒相连接，该电缆的插头为 4 芯航空插头。激磁器盒的另一端焊接在感应同步器的滑尺上。此插头座是自动锁卡式，插入时须抓住插头后部，对准定位销插入，直到听到响声表示接插好。拔出时须抓住插头前部往外拔即可。

（3）增益电位器。在机器安装时，手旋调整信号的大小。调好后，平时不要再调。调整方法详见数显表说明书。

（4）接地柱。接地柱须随机床床身良好接地，以避免显示时读数不准，影响测量误差。

3. 任务实施步骤

（1）根据感应同步器的实物，认识传感器的结构。

问题 1：感应同步器主要由哪几部分组成？

（2）根据数显表说明，完成数显表和感应同步器的连接，并合理设置数显表。

4. 任务小结

结合分组活动的情况，就任务分配、小组合作、实施的过程、完成的质量和理论与实践的收获写一份学习心得。

5. 小结

6. 清理工作台面

按规范要求清理工作现场、整理工具。

 拓展知识

1. 光栅的测量电路

当指示光栅和标尺光栅有相对位移时，光栅读数头中的光敏元件根据透过莫尔条纹的光强度变化，将两光栅尺的相对位移即工作台的机械位移转换成了四路两两相差 $\pi/2$ 的电压信号 U_A、U_B、$U_{\bar{A}}$、$U_{\bar{B}}$，这四路电压信号的变化频率代表了两光栅尺相对移动的速度；它们每变化一个周期，表示两光栅尺相对移动了一个栅距；四路信号的超前滞后关系反映了两光栅尺的相对移动方向。但在实际应用中，常常需要将两光栅尺的相对位移表达成易于辨识和应用的数字脉冲量，因此，光栅读数头输出的四路电压信号还必须经过进一步的信息处理，转换成所需的数字脉冲形式。

图 4-5-11 给出了一种用于光栅信息处理的线路框图。它由 3 个部分组成，即放大环节、整形环节和鉴相倍频线路。

1）放大与整形

放大与整形环节与一般系统中采用的原理及结构无多大差别，主要是用以求得电压与功率的图放大以及波形的规整。这里的放大环节主要采用的是差动放大器，以抑制各种共模干扰信号的影响及矫正因光栅尺和光栅读数头的机械误差造成的光栅读数头输出信号的相位误差，经过放大环节后，U_A、U_B、$U_{\bar{A}}$、$U_{\bar{B}}$（其初相位分别对应于图 4-5-11 中的 0，$\pi/2$，π 和 $3\pi/2$）四路电压信号变成两路，一路其初相位和频率同 U_A 一样，一路同 U_B 一样，分别记为 $\overline{U_A}$ 和 $\overline{U_B}$（对应于图 4-5-11 中放大环节输出的 0 和 $\pi/2$）。整形环节采用的是电压比较器，其作用是将 U_A 和 U_B 转换成同频率同相位的两路方波信号 A 和 B（分别对应于图 4-5-11中的 sin 和 cos），见图 4-5-12。电压比较器可选用 LM311。

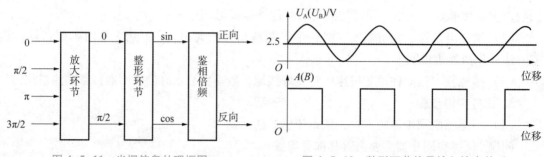

图 4-5-11　光栅信息处理框图　　　　图 4-5-12　整形环节信号输入输出关系

2）鉴相倍频

顾名思义，鉴相倍频线路的功能有两个：一是鉴别方向，即根据整形环节输出的两路方波信号 A 和 B 的相位关系确定出工作台的移动方向；二是将 A 和 B 两路信号进行脉冲倍频，即将图 4-5-13 鉴相倍频线路框图一个周期内的一个脉冲（方波）变为 4 个脉冲，这 4 个脉冲两两相距 1/4 周期。因一个周期内的一个脉冲表示工作台移动了一个栅距，这一个周期内的 4 个脉冲中的每一个则表示了工作台移动了 1/4 栅距，这样就提高了光栅测量装置的分辨率。

图 4-5-13 是鉴相倍频线路的框图，图中实现四倍频的线路如图 4-5-14 所示，其波形图见图 4-5-15。这种倍频线路产生的脉冲信号与时钟 CP 同步，应用比较方便，工作也十分可靠。在该四倍频线路中，时钟脉冲信号的频率要远远高于方波信号 A 和 B 的频率以减少倍频后的相移误差。此外，从图 4-5-15 也可以看出，真正实现四倍频，$M_1M_2M_3$ 和 M_4 还需要"或"起来，这将由鉴相线路来完成。

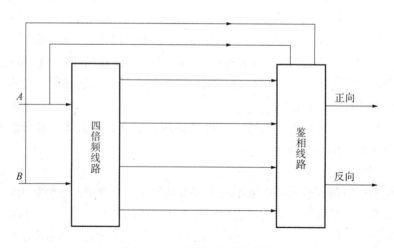

图 4-5-13　鉴相倍频线路框图

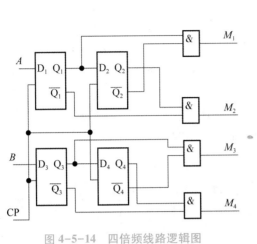

图 4-5-14 四倍频线路逻辑图

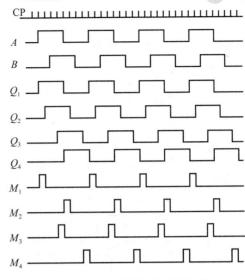

图 4-5-15 四倍频线路波形图

图 4-5-16 是鉴相线路图，它实际上是由一个双"四选一"线路所组成。双"四选一"线路有专用的集成电路，如 74LS153，其真值表见表 4-5-1。

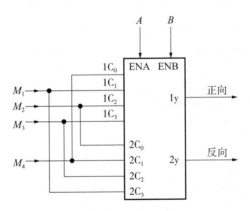

图 4-5-16 鉴相线路图

表 4-5-1 双"四选一"线路真值表

数据选择		输出
ENB	ENA	y
0	0	$y = C_0$
0	1	$y = C_1$
1	0	$y = C_2$
1	1	$y = C_3$

如果用 $1y$ 表示正向脉冲输出端，$2y$ 表示反向脉冲输出端，根据双"四选一"线路的真值表，可以得到 $1y$ 和 $2y$ 的表达式：

$$1y = \overline{ENA} \cdot \overline{ENB} \cdot 1C_0 + \overline{ENB} \cdot ENA \cdot 1C_1 + ENB \cdot \overline{ENA} \cdot 1C_2 + ENA \cdot ENB \cdot 1C_3$$

$$= \overline{B} \cdot \overline{B} \cdot M_4 + \overline{B} \cdot A \cdot M_1 + B \cdot \overline{A} \cdot M_2 + B \cdot A \cdot M_3$$

$$2y = \overline{\overline{ENA} \cdot \overline{ENB}} \cdot 2C_0 + \overline{\overline{ENB} \cdot ENA} \cdot 2C_1 + \overline{ENB \cdot \overline{ENA}} \cdot 2C_2 + \overline{ENA \cdot ENB} \cdot 2C_3$$

$$= \overline{B} \cdot \overline{B} \cdot M_2 + \overline{B} \cdot A \cdot M_4 + B \cdot \overline{A} \cdot M_2 + B \cdot A \cdot M_1$$

由上式可画出方波 A 滞后于 B（即工作台正向移动）和 A 超前于 B（即工作台反向移动）时波形图如图 4-5-17 所示。由图中可以看出：工作台正向移动时，在 $1y$ 端输出了一系列代表移动距离的数字脉冲，而 $2y$ 端为低电平；反过来，工作台反向移动时，$1y$ 端输出的是低电平，而 $2y$ 端输出了一系列代表移动距离的数字脉冲。因此，只要 $1y$ 端有脉冲，就表示了工作台正向移动，若 $2y$ 端有脉冲，则表示工作台反向移动。

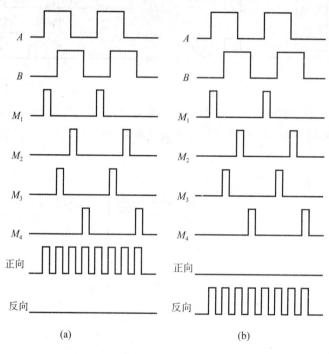

(a)   (b)

图 4-5-17 鉴相线路波形图

（a）工作台正向移动；（b）工作台反向移动

2. 圆光栅

刻划在玻璃圆盘上的光栅称为圆光栅，也称光栅盘，用来测量角度或角位移，如图

图 4-5-18 圆光栅

4-5-18所示。圆光栅的工作原理与直线光栅基本相同。其参数多使用整圆上刻线数或栅距角（也称节距角）δ 来表示，它是指圆光栅上相邻两条栅线之间的夹角。

圆光栅按线栅的刻线方式可分为径向光栅和切向光栅两种，在工作时两两配对使用。径向光栅是所有的栅线（或者其延长线）均通过圆心的光栅，如图 4-5-19 所示；切向光栅就是所有的栅线（或者其延长线）与一个同心小圆相切的光栅，如图 4-5-20 所示。

图 4-5-19 径向光栅

图 4-5-20 切向光栅

测量时，外部运动物体旋转带动指示光栅一起旋转，而定栅不动。当光源经过光路系统变为平行光，投射在圆光栅的指示光栅（动栅）和标尺光栅（定栅）上，透过的光线可形成莫尔条纹。光敏管检测到透射过来的光信号，则输出近似正弦电压信号。该信号经过放大、整形、微分电路后形成脉冲信号。通过计量工作过程中总的脉冲数，则可获得运动物体的角位移。

3. 磁栅的工作方式

磁栅作为检测元件，根据对磁头上拾磁绕组输出电压的不同处理方法，可分为鉴相式和鉴幅式测量。但无论何种方式，都必须采用双磁头配置。

1）鉴相式工作方式

对图 4-2-5 所示双磁头的励磁绕组分别通以同频率、同相位、同幅值的励磁电流，则两磁头的输出信号分别为

$$u_1 = U_{\mathrm{m}}\sin\left(2\pi/\lambda\right)x\sin2\omega t$$
$$u_2 = U_{\mathrm{m}}\cos\left(2\pi/\lambda\right)x\sin2\omega t$$

把磁头 1 输出电压 $U_1\sin2\omega t$ 移相 $\pi/2$，则得到 u'_1：

$$u'_1 = U_{\mathrm{m}}\sin\left(2\pi/\lambda\right)x\cos2\omega t$$

将上述 u_1 和 u_2 相加，则得到总的输出电压：

$$u = U_{\mathrm{m}}\sin\left[2\omega t+\left(2\pi/\lambda\right)x\right]$$

由此可知，只要鉴别 u 与 $U_{\mathrm{m}}\sin2\omega t$ 之间的相位差 $\left(2\pi/\lambda\right)x$，则可检测出磁头相对于磁性标尺的位移 x。图 4-5-21 所示为鉴相式磁栅数显表原理框图。

2）鉴幅式工作方式

同鉴相式工作方式一样，对图 4-2-5 所示双磁头的励磁绕组通以同频率、同相位、同幅值的励磁电流，从两磁头输出的信号为：

$$u_1 = U_{\mathrm{m}}\sin\left(2\pi/\lambda\right)x\sin2\omega t$$
$$u_2 = U_{\mathrm{m}}\cos\left(2\pi/\lambda\right)x\sin2\omega t$$

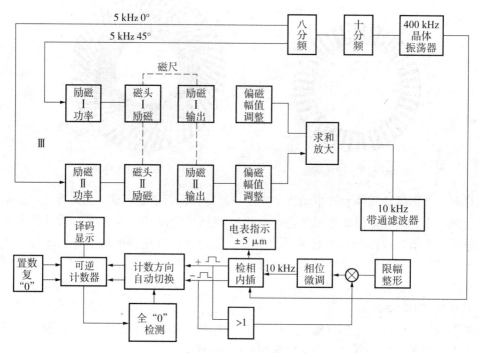

图 4-5-21　鉴相式磁栅数显表原理框图

通过检波器将 U_1 和 U_2 中的高频载波 $\sin 2\omega t$ 滤掉，即得：

$$u_1' = U_m \sin\left(2\pi/\lambda\right) x；\quad u_2' = U_m \cos\left(2\pi/\lambda\right) x$$

这两路交变信号相位差相差 $\pi/2$；与磁头相对于磁性标尺的位移 x 的对应关系为：信号每变化一周，磁头相对于磁性标尺移动一个波长 λ 的距离；信号变化频率的高低反映了磁头相对磁性标尺移动速度的大小，即 $\left(2\pi x/\lambda\right)$ 变化快，则磁头移动速度大；两信号的超前与滞后关系反映了磁头相对于磁性标尺的移动方向。

4. 编码器的测量电路

光电编码器具备良好的使用性能，在角度测量、位移测量时抗干扰能力很强，并具有稳定可靠的输出脉冲信号，且该脉冲信号经计数后可得到被测量的数字信号。因此需要对编码器的输出信号鉴相后才能计数。图 4-5-22 给出了光电编码器实际使用的鉴相与双向计数电路，鉴相电路用 1 个 D 触发器和 2 个与非门组成，计数电路用 3 片 74LS193 组成。

5. 电磁式编码器

在导磁性较好的软铁或坡莫合金圆盘上，用腐蚀的方法做成相应编码的凹凸图形，如图 4-5-23 所示。磁头是一个马蹄形磁芯体，上面绕有两组线圈，一组为励磁绕组，另一组为输出绕组。当励磁绕组到通有正弦励磁电流时，磁通穿过磁盘，由于磁盘凹下去的地方磁导小，凸起的地方磁导大，则在输出绕组中产生的感应电动势大小不同，因而可区分为"1"和"0"，达到测量的目的。电磁式编码盘也是一种无接触式的编码盘，具有寿命长、转速高等优点，其精度高，可达 20 位左右的二进制，具有发展前景。

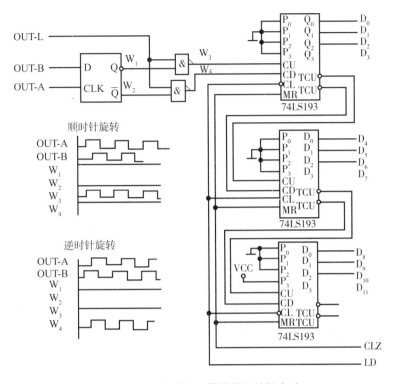

图 4-5-22 光电编码器的鉴相计数电路

电磁式编码器在被测转角不超过 360° 情况下，所提供的是转角的绝对值，即从起始位置（对应于输出各位皆为零的位置）所转动的角度。在应用中如遇停电，恢复供电后的显示值仍然能正确地反映当时角度，即为绝对式。如果将码盘改为只有一个数据环，且由等宽度的黑白径向条纹构成，则码盘转动时可产生串行光脉冲，用脉冲计数器将脉冲数累加起来也能反映转过的角度大小。但一遇停电就会把累加脉冲数丢失，无停电记忆功能，即为增量式。

电磁式编码器在被测转角大于 360° 时，绝对式电磁编码器将变成增量式电磁编码器。为了在测量大转角时仍能得到转角绝对值，可以用两个或多个编码器借助机械减速器配合起来，扩大角度量程。但是，在这种情况下转速低的高位编码器必须制作得相当精密，其角度误差应该比转速高的低位编码器末位有效值还要小，否则就使读数失去意义了。

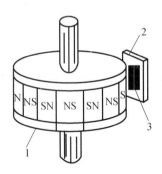

图 4-5-23 电磁式编码器
结构示意图
1—磁鼓；2—磁敏
传感元件；3—磁敏电阻

6. 旋转变压器的处理电路

旋转变压器的信号输出是两相正交的模拟信号，它们的幅值随着转角做正余弦变化，频率和励磁频率一致。这样一个信号还不能直接应用，需要角度数据变换电路，把这样一个模拟量变换成明确的角度量，这就是 RDC（Resolver Digital Converter，旋转变压器数字变换器）电路。

在数字变换中有两个明显的特征：

（1）为了消除由于励磁电源幅值和频率的变化，所引起的副边输出信号幅值和频率的变化，从而造成角度误差，信号的检测采用正切法，即检测两相信号的比值：$\dfrac{\sin\theta}{\cos\theta}$，这就避免了幅值和频率变化的影响。

（2）采用适时跟踪反馈原理测角，是一个快速的数字随动系统，属于无静差系统。

目前采用的大多都是专用集成电路，例如美国 AD 公司的 AD2S1200、AD2S1205 带有参考振荡器的 12 位数字 R/D 变换器以及 AD2S1210 10 到 16 位数字、带有参考振荡器的数字可变 R/D 变换器。图 4-5-24 是旋转变压器和 RDC 的连接图示意，位置信号和速度信号都是绝对值信号，它们的位数由 RDC 的类型和实际需要决定（10 位到 16 位）。有两种形式的输出：串行或并行。上述的几种 RDC 芯片，还可将输出信号变换成编码器形式的输出，即正交的 A、B 和每转一个的 Z 信号。励磁电源同时接到旋转变压器和 RDC，在 RDC 中作为相位的参考。

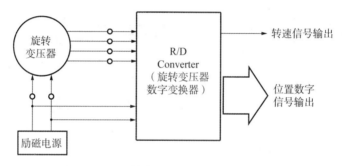

图 4-5-24　旋转变压器和 RDC 的连接图示意

利用 DSP（数字信号处理器）技术和软件技术，不用 RDC 芯片，直接用 DSP 作旋转变压器位置和速度变换，已经成为现实。例如采用 TI 公司的 DSP 芯片 TMS320F240 就得到成功的应用。用 DSP 实现旋转变压器的解码，具有以下一些明显的优点：

（1）降低成本，取消了专用的 RDC IC 芯片。

（2）采用数字滤波器，可以消除速度带来的滞后效应。用软件实现带宽的变换，以折中带宽和分辨率的关系，并使带宽作为速度的函数。

（3）抗环境噪声的能力更强。

7. 直线式感应同步器的安装与接长

1）直线式感应同步器尺座的安装

尺座的安装有两种基本方式：直接将定尺座（或定尺）安装在加工面上叫贴切安装；通过顶压螺钉或调整块调整后装在机床非加工面上的方式叫架空安装，如图 4-5-9 所示。

2）直线式感应同步器的接长

直线式感应同步器还常常会遇到有关接长的问题。例如，当感应同步器用于检测机床工作台的位移时，一般地，由于行程较长，一块感应同步器常常难以满足检测长度的要求，需要将两块或多块感应同步器的定尺拼接起来，即感应同步器接长。

接长的原理是：滑尺沿着定尺由一块向另一块移动经过接缝时，由感应同步器定尺绕组输出的感应电势信号，它所表示的位移应与用更高精度的位移检测器（如激光干涉仪）所检测出的位移相互之间要满足一定的误差要求，否则，应重新调整接缝，直到满足这种误差要求时为止。

感应同步器的接长方法如图 4-5-25 所示，把定、滑尺安装好，接好引线，装上数显表，调整好放大倍数，使"μm"表头在"10"格间摆动。移动滑尺，使滑尺和第一块定尺耦合于周期"0"位置，使"μm"表头指"0"周期灯亮，并使数码管置"-1000.00"，读取基准尺上的数值，作为基准尺的起始"0"点。然后移动滑尺某一尺寸（为 2 的整数倍）使滑尺的读数不一，这时利用调整孔微调第二块定尺，改变二定尺间的间隙，使数显表的读数和基准尺的读数一致，这时紧固第二块定尺上的 3 个螺钉，其他未接定尺可按照上述方法进行接长，直至把全部尺接好。具体的接长方法有二次接长法和双滑尺接长法两种。

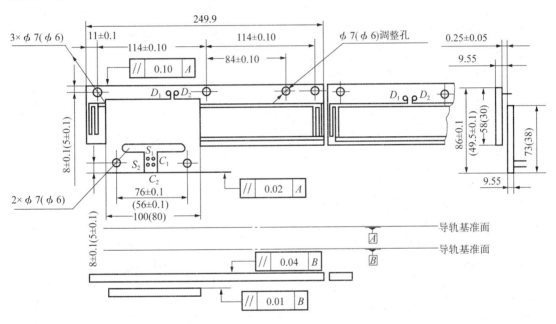

图 4-5-25　感应同步器的安装要求

（1）二次接长法。把定尺座按图 4-5-25 所示要求，放到接长仪或坐标镗床上。再把定尺安放到定尺座上，以基准尺为依据，把定尺座上的定尺全部接长好。然后再将接长好的定尺座安装到机床上去，如有两根以上的定尺座就要精确地调整两根定尺座之间定尺的间隙，以达到一定的要求。

（2）双滑尺接长法。使第一块滑尺与第一块定尺耦合于周期"0"位置，此时第二块滑尺全部覆盖在第二块定尺上。然后把电气转换开关打向第二块滑尺，使第二块滑尺工作，微调第二块定尺，改变二定尺之间的间隙，使数显表周期灯亮，"μm"表头指"0"，即定滑尺耦合于周期"0"位置，此时第二块定尺已接好。其他依次类推，把全部定尺接好，双滑尺接好。双滑尺接长特别适用于现场接长及长距离接长，而不需要基准尺及其他仪器设备，它只需一台感应同步器数显表就可以在机床上直接进行接长，其特点简单可靠，使用方便、精度保证、经济性好。

思考与练习

1. 光栅按其形状和用途可以分为哪几类？

2. 光栅测量装置有何特点？基本组成是什么？

3. 简单叙述光栅测量装置的工作原理？

4. 光栅的莫尔条纹具有什么特点？光栅是如何实现辨向的？

5. 安装与使用光栅测量装置应注意哪些？

6. 什么是磁栅？磁栅测量装置有何特点？

7. 磁栅测量的基本组成是什么？简单叙述磁栅测量装置的基本原理。

8. 磁栅测量系统由哪几部分组成？它的工作方式有几种？

9. 磁栅测量装置应怎样安装与使用？

10. 什么是脉冲编码器？它有什么应用特点？

11. 脉冲编码器根据内部结构和检测方式分哪几种？

12. 增量式光电脉冲编码器主要由几部分组成？工作的基本原理是什么？

13. 绝对式脉冲编码器主要由几部分组成？工作的基本原理是什么？

14. 安装和使用脉冲编码器时应注意哪些？

15. 什么是旋转变压器？它有何应用特点？

16. 简单叙述旋转变压器的基本原理。

17. 感应同步器有何特点？其基本原理是什么？它的工作方式有哪几种？

18. 常用的感应同步器主要有哪几类？简述直线式感应同步器的结构？

项目五

特殊传感器的使用

本项目主要介绍常用的特殊传感器。通过学习，可以知道各种常用的光纤传感器、红外线传感器及超声波传感器的基本结构、工作过程及应用特点，并能根据工程要求正确选择安装和使用。

【学习目标】

能力目标

（1）会正确操作传感器与检测技术综合试验台。

（2）能够按照电路要求对光纤传感器、红外线传感器及超声波传感器进行正确接线，并且会使用万用表检测电路。

（3）会利用系统软件或示波器进行波形观察。

（4）会对实验数据进行分析。

（5）按操作规程进行操作。

（6）完成报告。

知识目标

（1）光纤传感器、红外线传感器及超声波传感器的工作原理及其特点。

（2）光纤传感器、红外线传感器及超声波传感器的测量电路。

（3）光纤传感器、红外线传感器及超声波传感器的分类及其应用。

除参量传感器、发电传感器及脉冲传感器外，还有很多形式的传感器，称为特殊传感器。本项目主要通过介绍光纤传感器、红外传感器及超声波传感器的基本知识，了解特殊传感器的应用。

任务一 使用光纤传感器

本任务中主要学习光纤传感器的工作原理、特点、分类及应用，认识实验台中光纤传感器的外观和结构，会用光纤传感器进行位移、速度及振动的测量。

活动1 光纤传感器概述

光纤传感器是20世纪70年代中期发展起来的一种基于光导纤维的新型传感器。它是光纤和光通信技术迅速发展的产物，它与以电为基础的传感器有本质区别。光纤传感器用光作为敏感信息的载体，用光纤作为传递敏感信息的媒质。光纤传感器是利用光导纤维的传光特性，把被测量转换为光特性（强度、相位、偏振态、频率、波长）改变的传感器。它广泛应用在机械工程、航空科技、飞行控制、导航、显示、控制和记录系统中。图5-1-1所示为常见的几种光纤传感器。

图 5-1-1　常见的光纤传感器

1. 光纤的结构

光纤是用光透射率高的电介质（如石英、玻璃、塑料等）构成的光通路。光纤的结构

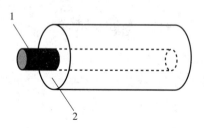

图 5-1-2　光纤的结构
1—纤芯；2—包层

如图5-1-2所示，光纤呈圆柱形，它由玻璃纤维芯（纤芯）和玻璃包皮（包层）两个同心圆柱的双层结构组成。纤芯位于光纤的中心部位，光主要在这里传输。纤芯折射率 n_1 比包层折射率 n_2 稍大些，两层之间形成良好的光学界面，光线在这个界面上反射传播。

在光纤的结构中，纤芯的主要材料为石英玻璃，直径为 $5 \sim 75 \; \mu m$，材料以二氧化硅为主，掺杂微量元素。包层的直径为 $100 \sim 200 \; \mu m$，折射率略低于纤芯。

2. 光纤的工作原理

光的全反射现象是研究光纤传光原理的基础。根据几何光学原理，当光线以较小的入射角 θ_1 由光密介质 1 射向光疏介质 2（即 $n_1 > n_2$）时，则一部分入射光将以折射角 θ_2 折射入介质 2，其余部分仍以 θ_1 反射回介质 1，如图 5-1-3 所示。

当光由光密物质（折射率大）入射至光疏物质时发生折射，如图 5-1-4 所示，其折射角大于入射角，即 $n_1 > n_2$ 时，$\theta_1 > \theta_2$，这种现象称为斯涅尔定理（Snell's Law）。光纤的导光原理就是基于斯涅尔定理的。

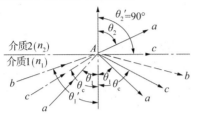

图 5-1-3　光在两介质界面上的反射与折射

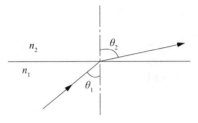

图 5-1-4　斯涅尔定理示意图

依据光折射和反射的斯涅尔（Snell）定律，n_1、n_2、θ_1、θ_2 之间的数学关系为：

$$n_1 \sin\theta_1 = n_2 \sin\theta_2 \tag{5-1-1}$$

当 θ_1 角逐渐增大，直至 $\theta_1 = \theta_c$ 时，透射入介质 2 的折射光也逐渐折向界面，直至沿界面传播（$\theta_2 = 90°$）。对应于 $\theta_2 = 90°$ 时的状态称为临界状态，如图 5-1-5 所示，此时入射角 θ_1 称为临界角 θ_c，由式（5-1-1）则有式（5-1-2）：

$$\sin\theta_c = \frac{n_2}{n_1} \tag{5-1-2}$$

由图 5-1-3 可见，当 $\theta_1 > \theta_c$ 时，光线将不再折射入介质 2，而在介质（纤芯）内产生连续向前的全反射，直至由终端面射出，如图 5-1-6 所示。这就是光纤传光的工作基础。

图 5-1-5　临界状态示意图　　　　　图 5-1-6　全反射示意图

同理，由图 5-1-3 和 Snell 定律可导出光线由折射率为 n_0 的外界介质（空气 $n_0 = 1$）射入纤芯时实现全反射的临界角（始端最大入射角）为：

$$\sin\theta_c = \frac{1}{n_0}\sqrt{n_1^2 - n_2^2} = NA \tag{5-1-3}$$

式中　NA——数值孔径。它是衡量光纤集光性能的主要参数。它表示：无论光源发射功率多大，只有 $2\theta_c$ 张角内的光，才能被光纤接收、传播（全反射）；NA 越大，光纤的集光能力越强。产品光纤通常不给出折射率，而只给出 NA。石英光纤的 $NA=0.2\sim0.4$。

3. 光纤的分类

光纤有很多分类方法，按折射率分有阶跃型和梯度型两种，如图 5-1-7 所示。阶跃型光纤纤芯的折射率不随半径而变；但在纤芯与包层界面处折射率有突变。梯度型光纤纤芯的折射率沿径向由中心向外呈抛物线由大渐小，至界面处与包层折射率一致。因此，这类光纤有聚焦作用；光线传播的轨迹近似于正弦波，如图 5-1-8 所示。

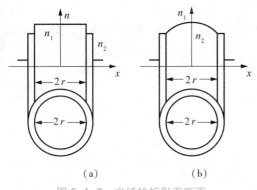

图 5-1-7　光纤的折射率断面

（a）阶跃型；（b）梯度型

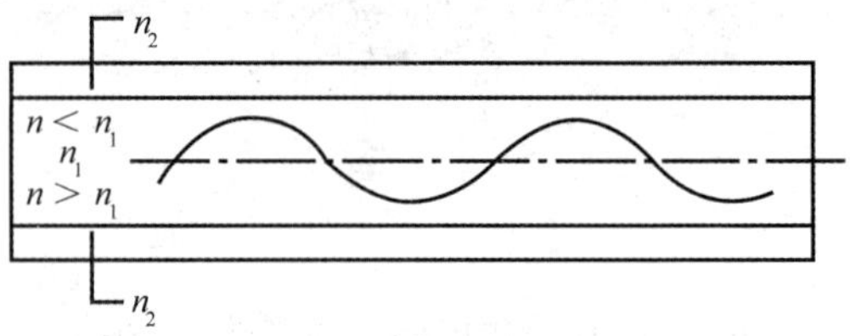

图 5-1-8　光在梯度型光纤的传输

光纤的另一种分类方法是按光纤的传播模式来分，可分为多模光纤和单模光纤两类。光纤传输的光波，可以分解为沿纵轴向传播和沿横切向传播的两种平面波成分。后者纤芯和包层的界面上会产生全反射。

4. 光纤传感器的特点

光纤有很多的优点，因此用它制成的光纤传感器（FOS）与常规传感器相比也有很多特点，光纤传感器灵敏度高、电绝缘性能好、抗电磁干扰、可实现不带电的全光型探头；频带宽动态范围大，可用很相近的技术基础构成传感不同物理量的传感器，便于与计算机和光纤传输系统相连，易于实现系统的遥测和控制；可用于高温、高压、强电磁干扰、腐蚀等恶劣环境，此外由于光纤传感器结构简单、体积小、质量轻、耗能少等优点，使得光纤传感器的应用十分广泛。

5. 光纤传感器的应用

光纤传感器可应用于位移、振动、转动、压力、弯曲、应变、速度、加速度、电流、磁场、电压、湿度、温度、声场、流量、浓度、pH 值等 70 多个物理量的测量，且具有十分广泛的应用潜力和发展前景。

1）光纤液位传感器

图 5-1-9 所示为基于全内反射原理研制的液位传感器。它由 LED 光源、光电二极管、多模光纤等组成。它的结构特点是，在光纤测头端有一个圆锥体反射器。当测头置于空气中，没有接触液面时，光线在圆锥体内发生全内反射而返回到光电二极管。当测头接触液面时，由于液体折射率与空气不同，全内反射被破坏，将有部分光线透入液体内，使返回到光电二极管的光强变弱；返回光强是液体折射率的线性函数。返回光强发生突变时，表明测头

已接触到液位。

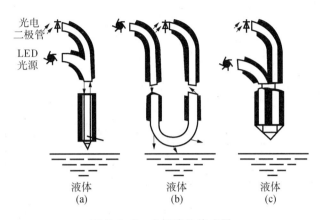

图 5-1-9　光纤液位传感器

（a）Y 形光纤；（b）U 形光纤；（c）棱镜耦合

图 5-1-9（a）结构主要是由一个 Y 形光纤、全反射锥体、LED 光源以及光电二极管等组成。

图 5-1-9（b）所示是一种 U 形结构。当测头浸入到液体内时，无包层的光纤光波导的数值孔径增加，液体起到了包层的作用，接收光强与液体的折射率和测头弯曲的形状有关。为了避免杂光干扰，光源采用交流调制。

图 5-1-9（c）结构中，两根多模光纤由棱镜耦合在一起，它的光调制深度最强，而且对光源和光电接收器的要求不高。由于同一种溶液在不同浓度时的折射率也不同，所以经过标定，这种液位传感器也可作为浓度计。光纤液位计可用于易燃、易爆场合，但不能探测污浊液体以及会黏附在测头表面的黏稠物质。

2）热辐射光纤温度传感器

热辐射光纤温度传感器是利用光纤内产生的热辐射来传感温度的一种器件。它是以光纤纤芯中的热点本身所产生的黑体辐射现象为基础。这种传感器非常类似于传统的高温计，只不过这种装置不是探测来自炽热的不透明的物体表面的辐射，而是把光纤本身作为一个待测温度的黑体腔。利用这种方法可确定光纤上任何位置热点的温度。由于它只探测热辐射，故无须任何光源。这种传感器可以用来监视一些大型电气设备如电机、变压器等内部热点的变化情况。热辐射光纤温度传感器结构如图 5-1-10 所示。

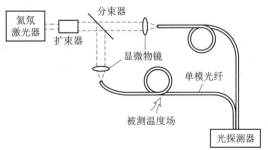

图 5-1-10　热辐射光纤温度传感器结构示意图

3）光纤电流传感器

图 5-1-11 为偏振态调制型光纤电流传感器原理图。根据法拉第旋光效应，由电流所形成的磁场会引起光纤中线偏振光的偏转；检测偏转角的大小，就可得到相应的电流值。

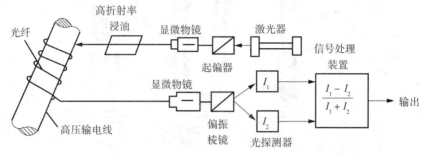

图 5-1-11　偏振态调制型光纤电流传感器示意图

4）医用光纤传感器

如图 5-1-12 所示，为医生操作医用内窥镜诊疗病情。医用光纤传感器体积小、电绝缘和抗电磁干扰性能好，特别适于身体的内部检测。可以用来测量体温、体压、血流量、pH值等医学参量。医用内窥镜由于光纤柔软、自由度大、传输图像失真小，引入该技术后，可以方便地检查人体的许多部位。如图 5-1-13 所示。

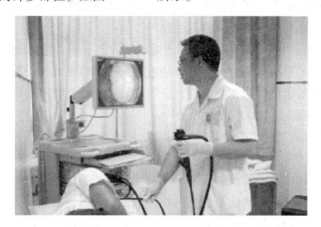

图 5-1-12　医用内窥镜

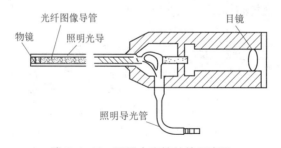

图 5-1-13　医用内窥镜结构示意图

活动2　任务实施

（一）光纤传感器位移特性测试

1. 认识光纤传感器及其配套的测量模块

本任务中用到的光纤传感器如图5-1-14所示，与其配套的实验模块如图5-1-15所示。

除了光纤传感器及其实验模块外，本任务的实施还要用到测微头、金属面、直流电源及数显电压表。

2. 光纤传感器测量位移的工作原理

反射式光纤位移传感器是一种传输型光纤传感器。其原理如图5-1-16所示：光纤采用Y形结构，两束光纤一端合并在一起组成光纤探头，另一端分为两支，分别作为光源光纤和接收光纤。光从光源耦合到光源光纤，通过光纤传输，射向反射

图5-1-14　光纤传感器

面，再被反射到接收光纤，最后由光电转换器接收，转换器接收到的光源与反射体表面的性质及反射体到光纤探头距离有关。当反射表面位置确定后，接收到的反射光光强随光纤探头到反射体的距离的变化而变化。显然，当光纤探头紧贴反射面时，接收器接收到的光强为零。随着光纤探头离反射面距离的增加，接收到的光强逐渐增加，到达最大值点后又随两者的距离增加而减小。反射式光纤位移传感器是一种非接触式测量，具有探头小，响应速度快，测量线性化（在小位移范围内）等优点，可在小位移范围内进行高速位移检测。

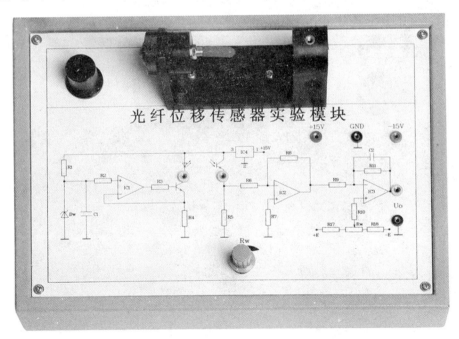

图5-1-15　光纤传感器实验模块

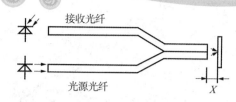

图 5-1-16 反射式光纤位移传感器原理

问题 1：请写出本任务中用到的是哪一种结构的光纤传感器？

3. 任务实施步骤

（1）光纤传感器的安装如图 5-1-17 所示，将 Y 形光纤安装在光纤位移传感器实验模块上。探头对准金属反射板，调节光纤探头端面与反射面平行，距离适中；固定测微头。接通电源预热数分钟。

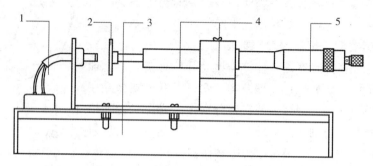

图 5-1-17 光纤位移传感器安装示意图

1—光纤位移传感器；2—反射面；3—模板；4—测量架；5—测微头

（2）将测微头起始位置调到 14 cm 处，手动使反射面与光纤探头端面紧密接触，固定测微头。

（3）实验模块从主控台接入 ±15 V 电源，合上主控台电源。

问题 2：请在图 5-1-18 中画出相关电路连线。

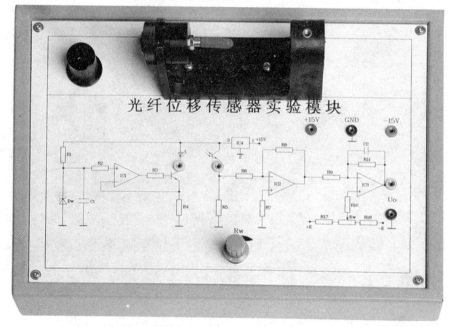

图 5-1-18 光纤位移传感器实验模块

（4）将模块输出"U_o"接到直流电压表（20 V挡），仔细调节电位器R_W使电压表显示为零。

问题3：请在图5-1-18中画出相关电路连线。

（5）旋动测微器，使反射面与光纤探头端面距离增大，每隔0.1 mm读出一次输出电压U值，填入表5-1-1中。

表5-1-1 记录数据

X/mm									
U_o/V									

4. 数据处理

（1）根据测量数据，在绘出U-X曲线。

（2）计算试验中光纤传感器的灵敏度及非线性误差。

5. 小结
6. 清理工作台面

按规范要求清理工作现场、整理工具。

（二）光纤传感器测量转速

1. 认识本任务中用到的实验仪器

本任务的实施除了用到Y形光纤传感器及其实验模块外，还要用到直流稳压电源、数显直流电压表、频率/转速表、转动源及双踪示波器。

2. 光纤传感器测量转速的工作原理

利用光纤位移传感器探头对旋转被测物反射光的明显变化产生电脉冲，经电路处理即可测量转速。即：

$$n = \frac{60f}{N}$$

3. 任务实施步骤

（1）将光纤传感器按图5-1-19安装在传感器支架上，使光纤探头对准转动盘边缘的反射点，探头距离反射点1 mm左右（在光纤传感器的线性区域内）。

（2）用手拨动一下转盘，使探头避开反射面（避免产生暗电流），接好实验模块±15 V电源，模块输出U_o接到直流电压表输入。调节R_W使直流电压表显示为零。

问题1：请在图5-1-20中画出相关接线。

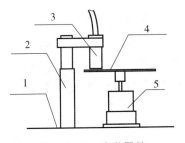

图5-1-19 安装器件
1—工作平台；2—支持架；
3—传感器；4—转盘；5—电机

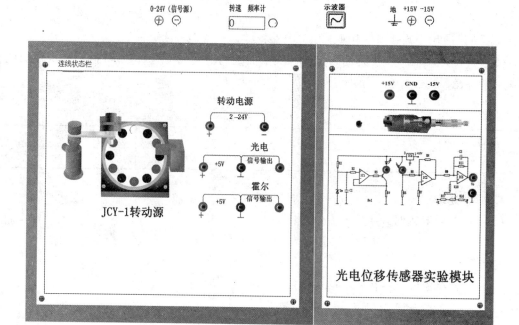

图 5-1-20　光电位移传感器实验模块

（3）将模块输出 U_o 接到频率/转速表的输入端，并同时接到示波器观测输出波形。

（4）将 2~24 V 直流电源先调到最小，接到三源板的"转动电源"输入端，合上主控台电源开关，逐步增大 2~24 V 输出，用直流电压表监测转动源的驱动电压，并记下相应的频率/转速表读数，记于表 5-1-2 中。

问题 2：随着直流电源的增大，转动源转速将_____（增大/减小）。

问题 3：请在图 5-1-20 中画出相关接线。

表 5-1-2　记录数据

电压/V	2	4	6	8	10	12	14	16	18	20	22	24
转速/(r·min⁻¹)												
频率/Hz												

4. 数据处理

（1）请在同一个坐标图中画出不同电压时的脉冲波形图。

（2）验证转速与频率之间的关系是否和理论计算一致。

5. 小结

6. 清理工作台面

按规范要求清理工作现场、整理工具。

（三）光纤传感器测量振动

1. 认识本任务中用到的实验仪器

本任务的实施除了用到 Y 形光纤传感器及其实验模块外，还要用到振动源、低频振荡器及双踪示波器。

2. 光纤传感器测量振动的工作原理

利用光纤位移传感器的位移特性和其较高的频率响应，用合适的测量电路即可测量振动。

3. 任务实施步骤

（1）光纤位移传感器安装如图 5-1-21 所示，光纤探头对准振动平台的反射面，并避开振动平台中间孔。

（2）根据"光纤传感器测量转速"的结果，找出线性段的中点，通过调节安装支架高度将光纤探头与振动台台面的距离调整在线性段中点（大致目测）。

（3）将光纤传感器的另一端的两根光纤插到光纤位移传感器实验模块上，接好模块±15 V 电源，模块输出接到双踪示波器。振荡器的"低频输出"接到三源板的"低频输入"端，并把低频调幅旋钮打到最大位置，低频调频旋钮打到最小位置。

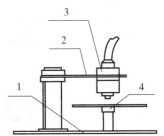

图 5-1-21　安装器件

1—工作平台；2—连桥板；
3—传感器；4—振动平台

问题 1：请在图 5-1-22 中画出相关接线。

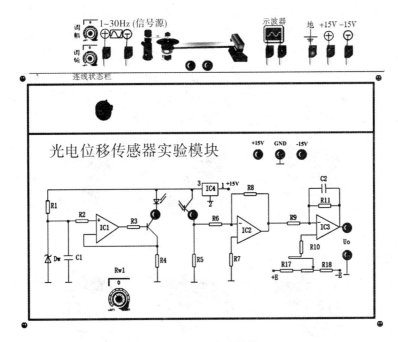

图 5-1-22　完成接线

（4）合上主控台电源开关，逐步调大低频输出的频率，使振动平台发生振动，注意不要调到共振频率，以免振动梁发生共振，碰坏光纤探头，通过双踪示波器观察输出波形。

问题2：试讨论，此时输出电压波形情况如何？

问题3：试简述"低频输出"的频率与输出电压波形之间的关系。

4. 数据处理

试画出在某一特定振幅下不同频率时的输出波形图。

5. 小结

6. 清理工作台面

按规范要求清理工作现场、整理工具。

任务二　使用红外传感器

本任务中主要学习红外传感器的工作原理、特点、分类及应用，认识实验台中红外传感器的外观和结构，会用红外传感器进行红外检测。

活动1　红外传感器概述

红外技术是在最近几十年中发展起来的一门新兴技术。它在科技、国防和工农业生产等领域得到广泛的应用，特别是在科学研究、军事工程和医学方面起着极其重要的作用。例如在红外制导火箭、红外成像、红外遥感等。而红外辐射技术的重要工具就是红外传感器，红外传感器已经在现代化的生产实践中发挥着它的巨大作用。尤其是在实现远距离温度监测与控制方面，红外温度传感器以其优异的性能，满足了多方面的要求。因此红外传感器的发展前景也是不可估量的。常用的红外传感器如图5-2-1所示。

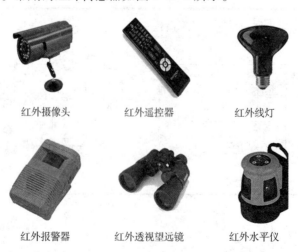

红外摄像头　　　　红外遥控器　　　　红外线灯

红外报警器　　　　红外透视望远镜　　　红外水平仪

图5-2-1　常用的红外传感器

1. 红外辐射介绍

红外辐射俗称红外线，是一种不可见光。它的波长范围在 0.76~1 000 μm，工程上又把红外线所占据的波段分为近红外、中红外、远红外和极远红外，如图 5-2-2 所示。

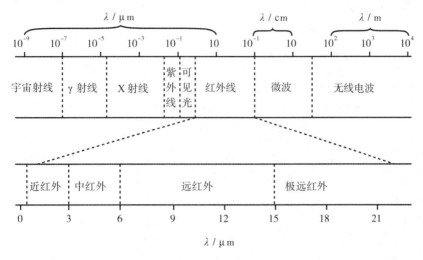

图 5-2-2　电磁波谱图

除了太阳能辐射红外线外，自然界任何物体只要它本身具有一定温度（高于绝对零度），都能辐射红外光，而且物体温度越高，发射的红外辐射能越多。物体在向周围发射红外辐射能的同时，也吸收周围物体发射的红外辐射能。

2. 红外传感器的结构

红外传感器就是利用红外辐射实现相关物理量测量的一种传感器。红外传感器的构成比较简单，它一般是由光学系统、探测器、信号调节电路和显示单元几部分组成。其中，红外探测器是红外传感器的核心器件。

3. 红外传感器的工作原理

红外传感器的工作原理并不复杂，红外传感器是把红外辐射转换成电量变化的装置。一个典型的传感器系统各部分的实体分别有以下几种：

（1）待测目标。根据待测目标的红外辐射特性可进行红外系统的设定。

（2）大气衰减。待测目标的红外辐射通过地球大气层时，由于气体分子和各种气体以及各种溶胶粒的散射和吸收，将使得红外源发出的红外辐射发生衰减。

（3）光学接收器。它接收目标的部分红外辐射并传输给红外传感器。相当于雷达天线，常用的是物镜。

（4）辐射调制器。对来自待测目标的辐射调制成交变的辐射光，提供目标方位信息，并可滤除大面积的干扰信号。又称调制盘和斩波器，它具有多种结构。

（5）红外探测器。这是红外系统的核心。它是利用红外辐射与物质相互作用所呈现出来的物理效应探测红外辐射的传感器，多数情况下是利用这种相互作用所呈现出的电学效应。此类探测器可分为光子探测器和热敏感探测器两大类型。

（6）探测器制冷器。由于某些探测器必须要在低温下工作，所以相应的系统必须有制冷设备。经过制冷，设备可以缩短响应时间，提高探测灵敏度。

（7）信号处理系统。将探测的信号进行放大、滤波，并从这些信号中提取出信息。然后将此类信息转化成为所需要的格式，最后输送到控制设备或者显示器中。

（8）显示设备。这是红外设备的终端设备。常用的显示器有示波器、显像管、红外感光材料、指示仪器和记录仪等。

4. 红外传感器的分类

红外传感器有很多分类方法，按功能分可以分为以下几种，如表5-2-1所示。

表5-2-1 · 红外传感器的分类及用途

类型	用途
辐射计	用于辐射和光谱测量
搜索和跟踪系统	用于搜索和跟踪红外目标，确定其空间位置并对它的运动进行跟踪
热成像系统	可产生整个目标红外辐射的分布图像
红外测距和通信系统	用于距离测量和数据通信系统
混合系统	指以上各类系统中的两个或者多个的组合

按探测机理可分为光子探测器（基于光电效应）和热探测器（基于热效应）两种。

1）光子探测器

光子探测器型红外传感器是利用光子效应进行工作的传感器。所谓光子效应，是当有红外线入射到某些半导体材料上，红外辐射中的光子流与半导体材料中的电子相互作用，改变了电子的能量状态，引起各种电学现象。通过测量半导体材料中电子性质的变化，可以知道红外辐射的强弱。

光子探测器主要有内光电探测器和外光电探测器两种，外光电探测器分为光电导、光生伏特和光磁电探测器3种类型。半导体红外传感器广泛应用于军事领域，如红外制导、响尾蛇空对空及空对地导弹、夜视镜等设备。

2）热探测器

红外线被物体吸收后将转变为热能。热探测器正是利用了红外辐射的这一热效应。当热探测器的敏感元件吸收红外辐射后将引起温度升高，使敏感元件的相关物理参数发生变化，通过对这些物理参数及其变化的测量就可确定探测器所吸收的红外辐射。

热探测器的主要优点是：响应波段宽，响应范围为整个红外区域，室温下工作，使用方便。热探测器主要有4种类型：热敏电阻型、热电阻型、高莱气动型和热释电型。在这4种类型的探测器中，热释电探测器探测效率最高，频率响应最宽，所以这种传感器发展得比较快，应用范围也最广。

热释电探测器主要是由一种高热电系数的材料的探测元件，在每个探测器内装入一个或两个探测元件，并将两个探测元件以反极性串联，以抑制由于自身温度升高而产生的干扰。由探测元件将探测并接收到的红外辐射转变成微弱的电压信号，经装在探头内的场效应管放大后向外输出。

一些陶瓷材料具有自发极化（如铁电晶体）的特征，且其自发极化的大小在温度有稍许变化时有很大的变化。在温度长时间恒定时由自发极化产生的表面极化电荷数目一定，它吸附空气中的电荷达到平衡，并与吸附存在于空气中的符号相反的电荷产生中和；若温度因吸收红外光而升高，则极化强度会减小，使单位面积上极化电荷相应减少，释放一定量的吸附电荷；若与一个电阻连成回路会形成电流 I，则电阻上可以产生一定的电压降，这种因温度变化引起自发极化值变化的现象称为热释电效应。热释电效应的原理图及其等效电路如图 5-2-3 所示，常见的热释电传感器结构如图 5-2-4 所示。

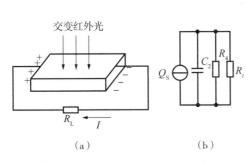

图 5-2-3 热释电效应及其等效电路

（a）热释电效应；（b）等效电路

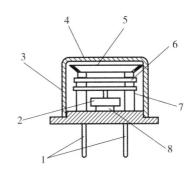

图 5-2-4 热释电传感器结构

1—引脚；2—FET 管；3—外壳；4—窗口；

5—滤光片；6—PZT 热电元件；7—支承环；

8—电路元件

能产生热释电效应的晶体称为热释电体，又称为热电元件。热电元件常用的材料有单晶（$LiTaO_3$ 等）、压电陶瓷（PZT 等）及高分子薄膜（PVF2 等）。

5. 红外传感器的特点

由于红外传感器测量时不与被测物体直接接触，因而不存在摩擦，并且具有灵敏度高，响应快等优点。

6. 红外传感器的应用

红外传感器的主要应用有红外测温、红外成像、红外分析仪、红外无损检测、红外侦查等。

1）被动式人体移动检测仪

被动式人体移动检测仪的检测电路如图 5-2-5 所示，在被动红外探测器中有两个关键性的元件：

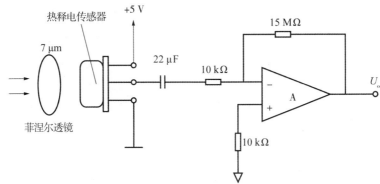

图 5-2-5 人体移动检测电路

（1）热释电红外传感器。它能将波长为 $8 \sim 12\ \mu m$ 的红外信号转变为电信号，并对自然界中的白光信号具有抑制作用。

图 5-2-6　菲涅尔透镜

（2）菲涅尔透镜。为了提高探测器的探测灵敏度以增大探测距离，一般在探测器的前方装设一个菲涅尔透镜，如图 5-2-6 所示。该透镜用透明塑料制成，将透镜的上、下两部分各分成若干等份，制成一种具有特殊光学系统的透镜，它和放大电路相配合，可将信号放大 70 分贝以上，这样就可以测出 $10 \sim 20\ m$ 范围内人的行动。菲涅尔透镜有两个作用：一是聚焦作用，即将热释的红外信号透射或反射在热释电红外传感器上；二是将警戒区内分为若干个明区和暗区，使进入警戒区的移动物体能以温度变化的形式在热释电红外传感器上产生变化的热释电红外信号，这样传感器就能产生变化的电信号。实验证明，传感器若不加菲涅尔透镜，其检测距离将小于 $2\ m$，而加上该光学透镜后，其检测距离可大于 $7\ m$。

被动式人体移动检测仪的工作原理是：当有人进入传感器监测范围时，传感器监测范围内温度有 ΔT 的变化，热释电效应导致在两个电极上产生电荷 ΔQ，即在两电极之间产生一微弱的电压 ΔU。由于它的输出阻抗极高，在传感器中有一个场效应管进行阻抗变换。由于热释电效应所产生的电荷 ΔQ 会被空气中的离子所结合而消失，当环境温度稳定不变时，$\Delta T = 0$，则传感器无输出。当人体进入检测区，通过菲涅尔透镜，热释电红外传感器就能感应到人体温度与背景温度的差异信号 ΔT，则有相应的输出；若人体进入检测区后不动，则温度没有变化，传感器也就没有输出。因此，被动式人体移动检测仪的红外探测的基本概念就是感应移动物体与背景物体的温度的差异。

2）红外辐射温度计

红外辐射温度计既可用于高温测量，又可用于冰点以下的温度测量，所以是辐射温度计的发展趋势。市售的红外辐射温度计的温度范围可以从 $-30\ ℃ \sim 3\ 000\ ℃$，中间分成若干个不同的规格，可根据需要选择适合的型号。常见的红外辐射温度计如图 5-2-7 所示。

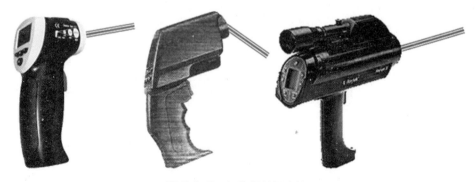

图 5-2-7　红外辐射温度计

3）红外夜视仪

红外夜视仪是一种利用红外成像技术达到侦察目的的设备。夜晚，由于各种物体温度不同，辐射红外线的强度不同，在夜视仪中就会有不同的图像。红外夜视仪可以清楚地显示黑暗中发生的行为。它可用于在夜间追捕罪犯。

4）红外遥控

可见光不易通过水雾和浮尘，而红外线却容易绕过它们，应用这一特点发展起来的红外遥感和遥测技术有广泛的应用。例如，气象卫星收集气象信息，以及应用红外监控航天飞机的返航等。

此外，红外遥控可以实现无线、非接触控制，具有抗干扰能力强，功耗低，成本低，易实现等优点，现在大量应用于家用电器中。

红外遥控是采用红外发光二极管作为发射电路，来发出经过调制的红外光波，采用红外接收二极管、三极管或硅光电池组成红外接收电路，它们将红外发射器发射的红外光转换为相应的电信号，再送后置放大器，经过解码、滤波等一系列操作之后将信号恢复。

红外线遥控不具备穿过障碍物的能力，在设计家用电器的红外线遥控器时，同类产品的红外线遥控器，可以采用相同的遥控频率或编码，不会出现遥控信号"穿墙"控制到隔壁的情况。这为在大批量生产的家用电器上普及红外线遥控提供了极大的方便。

5）红外线气体分析仪

红外线气体分析仪是利用不同气体对红外波长的电磁波能量具有特殊吸收特性的原理而进行气体成分和含量分析的仪器，如图 5-2-8 所示。

图 5-2-8　红外气体分析仪

活动2　任务实施

1. 认识红外传感器及其配套的实验模块

本任务中用到的热释电型红外传感器已固定在实验模块中，如图 5-2-9 所示。

除了热释电型红外传感器实验模块外，本任务的实施还要用直流稳压电源及双踪示波器。

2. 热释电型红外传感器检测的工作原理

红外线是一种人眼看不见的光线。任何物体，只要它的温度高于绝对零度，就有红外线向周围空间辐射。红外线波长范围在 0.75~1 000 μm 的频谱范围内。

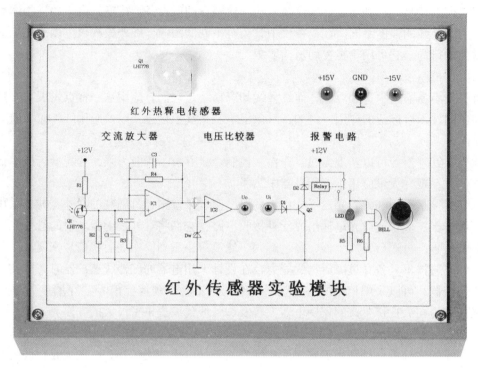

图 5-2-9　热释电型红外传感器实验模块

红外线的物理本质是热辐射。物体的温度越高，辐射出来的红外线越多，红外线的能量就越强。波长在 0.1~1 000 μm 的红外辐射被物体吸收时，可以显著地转化成热能。

热释电效应发生于非中心对称结构的极性晶体。当温度发生变化时，热释电晶体出现正

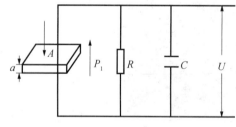

图 5-2-10　热释电型红外探测器
工作原理示意图

负电荷相对位移，从而在晶体两端表面产生异号束缚电荷。热释电红外传感器就是一种具有极化现象的热晶体，晶体的极化强度（单位表面积上的电荷）与温度有关。当红外辐射照射到已经极化的热晶体薄片表面时，引起薄片温度升高，使其极化强度降低，表面电荷减少，这相当于释放一部分电荷，所以叫做热释电型传感器。图 5-2-10 所示为热释电型红外传感器的工作原理示意图。

热释电传感器探头表面的滤光片使传感器对 10 μm 左右的红外光敏感，安装在传感器前的菲涅尔透镜是一种特殊的透镜组，每个透镜单元都有一个不大的视场，相邻的两个透镜单元既不连续也不重叠，都相隔一个盲区，它的作用是将透镜前运动的发热体发出的红外光转变成一个又一个断续的红外信号，使传感器能正常工作。

3. 任务实施步骤

（1）从主控台接入±15 V 直流稳压电源到红外传感器检测模块，传感器模块输出接示波器。

（2）开启主机电源，待传感器稳定后，人体从传感器探头前移过，观察输出信号电压变化。

问题1：当人体从传感器探头前移过时，输出信号电压将有什么变化？

（3）再用手放在探头前不动，观察输出信号电压变化。

问题2：当用手放在探头前不动时，输出信号电压将有什么变化？

（4）将电压比较器的输出 U_o 接报警电路的输入 U_i，重复步骤（2）。

问题3：此时，报警电路将_____。

（5）将电压比较器的输出 U_o 接报警电路的输入 U_i，重复步骤（3）。

问题4：此时，报警电路将_____。

4. 数据处理

（1）请画出步骤（2）中的输出电压波形。

（2）请画出步骤（3）中的输出电压波形。

（3）请思考：若在夏天，外界气温同人体气温相差不大时，步骤（2）的波形将如何？

5. 小结

6. 清理工作台面

按规范要求清理工作现场、整理工具。

任务三　使用超声波传感器

本任务中主要学习超声波传感器的工作原理、特点、分类及应用，认识实验台中超声波传感器的外观和结构，会用超声波传感器进行距离检测。

活动1　超声波传感器概述

超声波传感器是利用超声波的特性研制而成的传感器。超声波是一种振动频率高于声波的机械波，由换能晶片在电压的激励下发生振动产生的，它具有频率高、波长短、绕射现象小，特别是方向性好、能够成为射线而定向传播等特点。超声波对液体、固体的穿透本领很大，尤其是在阳光不透明的固体中，它可穿透几十米的深度。超声波碰到杂质或分界面会产生显著反射形成反射回波，碰到活动物体能产生多普勒效应。因此超声波检测广泛应用在工业、国防、生物医学等方面。常见的超声波传感器如图5-3-1所示。

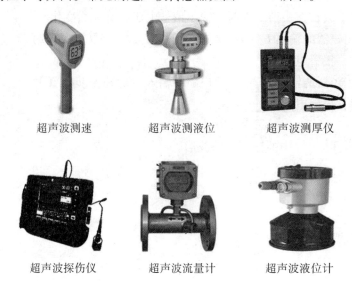

超声波测速　　　　　　超声波测液位　　　　　　超声波测厚仪

超声波探伤仪　　　　　超声波流量计　　　　　超声波液位计

图 5-3-1　常用的超声波传感器

1. 超声波介绍

1）超声波

声波是一种机械波。当发声体产生机械振动时，周围弹性介质中的质点随之振动，这种振动由近至远进行传播，就是声波。人能听见声波的频率为 20 Hz~20 kHz，超出此频率范围的声音，即 20 Hz 以下的声波称为次声波，20 kHz 以上的为超声波，超声波的频率可以高达1 011 Hz，而次声波的频率可以低达 10~8 Hz。声波频率范围如图5-3-2所示。

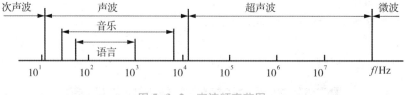

图 5-3-2　声波频率范围

2）超声波的特性

超声波的特性主要表现为：束射特性、吸收特性和能量传递特性等。

（1）超声波的波形。声源在介质中施力的方向与波在介质中传播的方向不同，声波的波形则不同。依据超声场中质点的振动与声能量传播方向的不同，超声波的波形一般分为纵波、横波和表面波3种。其中，纵波是质点的振动方向与波的传播方向一致，并能在固体、液体和气体介质中传播；横波是质点的振动方向垂直于波的传播方向，只能在固体介质中传播；而表面波是质点的振动介于纵波和横波之间，沿着介质表面传播，振幅随深度的增加而迅速衰减，表面波质点振动的轨迹是椭圆形，质点位移的长轴垂直于传播方向，质点位移的短轴平行于传播方向，表面波只能在固体表面传播。

（2）波速。超声波在不同的介质中（气体、液体、固体）的传播速度是不同的，传播速度与介质密度和弹性系数以及声阻抗有关。不同波形超声波的传播速度也不相同：在固体中，纵波、横波及其表面波三者的声速有一定的关系，通常可认为横波的声速为纵波的一半，表面波的声速为横波声速的90%；气体中的纵波声速为344 m/s，液体中的纵波声速为900~1 900 m/s。

（3）超声波的反射和折射。当超声波从一种介质传播到另一种介质时，在两介质的分界面上将发生反射和折射，如图5-3-3所示。其中，能返回原介质的称为反射波；透过介质表面，能在另一种介质内继续传播的称为折射波。在某种情况下，超声波还能产生表面波。各种波形都符合反射和折射定律。

（4）超声波的衰减。超声波在介质中传播时，随着距离的增加，能量逐渐衰减，衰减的程度与超声波的扩散、散射及吸收等因素有关。

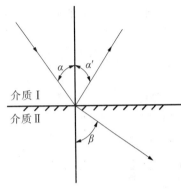

图 5-3-3　超声波的反射与折射

2. 超声波传感器的组成

超声波传感器是指产生超声波和接收超声波的装置，习惯上称为超声波换能器或超声波探头。超声波传感器利用压电晶体的压电效应和电致伸缩效应，将机械能与电能相互转换，并利用波的传输特性，实现对各种参量的测量，属典型的双向传感器。因此，超声波传感器由发射传感器（简称发射探头）和接收传感器（简称接收探头）两部分组成，如图5-3-4所示。超声波传感器的外形结构如图5-3-5所示。

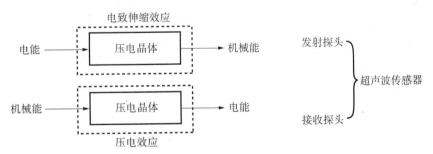

图 5-3-4　超声波传感器的组成

图 5-3-5　超声波传感器的外形结构

3. 超声波传感器的工作原理

超声波传感器是利用压电晶体的压电效应和电致伸缩效应，将机械能与电能相互转换，并利用波的传输特性，实现对各种参量的测量的。如图5-3-4所示，当从超声波发射探头输入频率为40 kHz的脉冲电信号时，压电晶体因变形而产生振动，振动频率在20 kHz以上，由此形成了超声波，该超声波经锥形共振盘共振放大后定向发射出去；接收探头接收到发射的超声波信号后，促使压电晶片变形而产生电信号，通过放大器放大电信号。

4. 超声波传感器的应用

超声波对液体、固体的穿透本领很大，尤其是在阳光不透明的固体中，它可穿透几十米的深度。超声波碰到杂质或分界面会产生显著反射形成反射回波，碰到活动物体能产生多普勒效应。因此超声波检测广泛应用在工业、国防、生物医学等方面。此外，超声波距离传感器广泛应用在物位（液位）监测、机器人防撞、各种超声波接近开关，以及防盗报警等相关领域。

1）超声波测厚度

超声波测厚度的基本工作原理如图5-3-6所示，超声波测厚度常用脉冲回波法。超声波探头与被测物体表面接触。主控制器产生一定频率的脉冲信号，送往发射电路，经电流放大后激励压电式探头，以产生重复的超声波脉冲。脉冲波传到被测工件另一面被反射回来，被同一探头接收。如果超声波在工件中的声速 v 是已知的，设工件厚度为 δ，脉冲波从发射到接收的时间间隔 t 可以测量，因此可求出工件厚度为：

$$\delta = vt/2$$

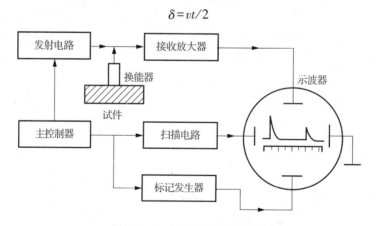

图5-3-6　超声波测厚原理图

图5-3-7　超声波测厚仪

从显示器上直接观察发射和回波反射脉冲，并求出时间间隔 t。当然也可用稳频晶振产生的时间标准信号来测量时间间隔 t，从而做成厚度数字显示仪表，超声波测厚仪如图5-3-7所示。

2）超声波物位传感器

超声波物位传感器是利用超声波在两种介质的分界面上的反射特性而制成的。如果从发射超声波脉冲开始，到接收换能器接收到反射波为止的这个时间间隔为已知，就可以求出分界面的位置，利用这种方法可以对物位进行测量。超声波液位计原理图如图5-3-8所示。

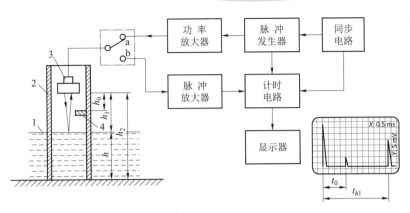

图 5-3-8　超声波液位计原理图

1—液面；2—直管；3—空气超声探头；4—反射小板；5—电子开关

3）超声波流量传感器

超声波在流体中传输时，在静止流体和流动流体中的传输速度是不同的，利用这一特点可以求出流体的速度，再根据管道流体的截面积，便可知道流体的流量。实际应用时超声波传感器安装在管道的外部，从管道的外面透过管壁发射和接收，超声波不会给管内流动的流体带来影响。

超声波流量传感器具有不阻碍流体流动的特点，可测流体种类很多，不论是非导电的流体。还是高黏度的流体、浆状流体，只要能传输超声波的流体都可以进行测量。超声波流量计可用来对自来水、工业用水、农业用水等进行测量。还可用于下水道、农业灌溉、河流等流速的测量。超声波流量传感器实物如图 5-3-9 所示。

防盗报警器的应用

图 5-3-10 为超声报警电路。上面为发射部分，下面为接收部分的电原理框图。它们装在同一块线路板上。发射器发射出频率 $f = 40$ kHz 左右的连续超声波（空气超声探头选用 40kHz 工作频率可获得较高灵

图 5-3-9　超声波流量传感器实物

敏度，并可避开环境噪声干扰）。如果有人进入信号的有效区域，相对速度为 v，从人体反射回接收器的超声波将由于多普勒效应，而发生频率偏移 Δf。

多普勒效应：当超声波源与传播介质之间存在相对运动时，接收器接收到的频率与超声波源发射的频率将有所不同。产生的频偏 $\pm\Delta f$ 与相对速度的大小及方向有关。例如，当高速行驶的火车向你逼近和掠过时，所产生的变调声就是多普勒效应引起的。

接收器的电路原理：压电喇叭收到两个不同频率所组成的差拍信号（40 kHz 以及偏移的频率 40 kHz±Δf）。这些信号由 40 kHz 选频放大器放大，并经检波器检波后，由低通滤波器滤去 40 kHz 信号，而留下 Δf 的多普勒信号。此信号经低频放大器放大后，由检波器转换为直流电压，去控制报警扬声器或指示器。

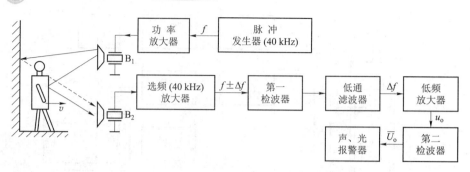

图 5-3-10　超声防盗报警器电原理框图

利用多普勒原理的好处：

可以排除墙壁、家具的影响（它们不会产生 Δf），只对运动的物体起作用。由于振动和气流也会产生多普勒效应，故该防盗报警器多用于室内。

4）汽车倒车探测器

当超声发射器和接收器的位置确定时，移动被测物体的位置，当倒车时对车尾或车尾后侧的安全构成威胁时，应使 LED 点燃以示报警，这一点要借助于微调电位器进行。调试好发射器、接收器的位置、角度后，再往车后处安装。报警的方式可以用红色发光二极管，也可采用蜂鸣器或扬声器报警，采用声光报警则更佳。倒车雷达示意图如图 5-3-11 所示，实物图如图 5-3-12 所示。

图 5-3-11　汽车倒车雷达的示意图

（a）　　　　　　　　　（b）　　　　　　　　　（c）

图 5-3-12　倒车雷达的实物图

（a）显示器；（b）控制器；（c）超声波传感器

活动2　任务实施

1. 认识超声波传感器及其配套的实验模块

本任务中用到的超声波传感器实验模块及超声波发射接收器，分别如图5-3-13所示。

除了超声波传感器实验模块及超声波接收器外，本任务的
实施还要用直流稳压电源及反射板。

2. 超声波传感器测距的工作原理

超声波是听觉阈值以外的振动，其频率范围为 104～
1 012 Hz，超声波在介质中可产生3种形式的振荡：横波、
纵波和表面波，其中横波只能在固体中传播，纵波能在固
体、液体和气体中传播，表面波随深度的增加其衰减很快。
超声波测距中采用纵波，使用超声波的频率为40 kHz，其在
空气中的传播速度近似为340 m/s。

图 5-3-13　超声波传感器实验
模块及超声波发射接收器

当超声波传播到两种不同介质的分界面上时，一部分
声波被反射，另一部分透射过界面。但若超声波垂直入射
界面或者一很小的角度入射时，入射波完全被反射，几乎没有透射过界面的折射波。这里采
用脉冲反射法测量距离，因为脉冲反射不涉及共振机理，与被测物体的表面光洁度关系不密
切。被测距离为：

$$D = CT/2$$

式中　C——声波在空气中的传播速度；

　　　T——为超声波发射到返回的时间间隔。

为了方便处理，发射的超声波被调制成40 kHz左右，具有一定间隔的调制脉冲波信号。
测距系统框图如图5-3-14所示，由图可见，系统由超声波发送、接收、MCU和显示4个部
分组成。

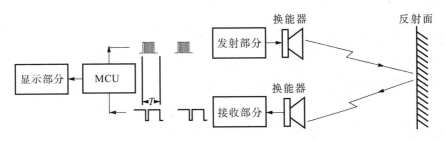

图 5-3-14　超声波测距原理框图

3. 任务实施步骤

（1）将超声波发射接收器引出线接至超声波传感器实验模块，并将+15 V直流稳压电源
接到超声波传感器实验模块。

（2）打开实验台电源，将反射板正对超声波发射接收器，并逐渐远离超声波发射接收
器。用直板尺测量超声波发射接收器到反射板的距离，从60 mm至150 mm每隔10 mm记录

一次超声波传感器实验模块显示的距离值，填入表 5-3-1 中。

表 5-3-1　记录数据

距离 X/mm	60	70	80	90	100	110	120	130	140	150
显示 L/mm										

问题 1：随着距离的增大，超声波实验模块显示值将如何变化？

4. 数据处理

（1）根据测量数据，绘出 L-X 曲线。

（2）根据所绘曲线计算超声波传感器的非线性误差及灵敏度。

5. 小结

6. 清理工作台面

按规范要求清理工作现场、整理工具。

 拓展知识

1. 传输光的调制技术

根据光受被测对象的不同，对传输光的调制方式主要有强度调制型、偏振调制、频率调制及相位调制 4 种类型。

1）强度调制型光纤传感器

强度调制型光纤传感器是一种利用被测对象的变化引起敏感元件的折射率、吸收或反射等参数的变化，而导致光强度变化来实现敏感测量的传感器。有利用光纤的微弯损耗，各物质的吸收特性，振动膜或液晶的反射光强度的变化，物质因各种粒子射线或化学、机械的激励而发光的现象，以及物质的荧光辐射或光路的遮断等来构成压力、振动、温度、位移、气体等各种强度调制型光纤传感器。它的结构简单、容易实现，成本低，但是受光源强度波动和连接器损耗变化等影响较大。

2）偏振调制光纤传感器

偏振调制光纤传感器是一种利用光偏振态变化来传递被测对象信息的传感器。有利用光在磁场中媒质内传播的法拉第效应做成的电流、磁场传感器，利用光在电场中的压电晶体内传播的泡克耳斯效应做成的电场、电压传感器，利用物质的光弹效应构成的压力、振动或声传感器；以及利用光纤的双折射性构成温度、压力、振动等传感器，这类传感器可以避免光

源强度变化的影响，因此灵敏度高。

3）频率调制光纤传感器

频率调制光纤传感器是一种利用单色光射到被测物体上反射回来的光的频率发生变化来进行监测的传感器。有利用运动物体反射光和散射光的多普勒效应的光纤速度、流速、振动、压力、加速度传感器；利用物质受强光照射时的喇曼散射构成的测量气体浓度或监测大气污染的气体传感器；以及利用光致发光的温度传感器等。

4）相位调制传感器

相位调制传感器的基本原理是利用被测对象对敏感元件的作用，使敏感元件的折射率或传播常数发生变化，而导致光的相位变化，使两束单色光所产生的干涉条纹发生变化，通过检测干涉条纹的变化量来确定光的相位变化量，从而得到被测对象的信息。通常有利用光弹效应的声、压力或振动传感器；利用磁致伸缩效应的电流、磁场传感器；利用电致伸缩的电场、电压传感器以及利用光纤赛格纳克（Sagnac）效应的旋转角速度传感器（光纤陀螺）等。这类传感器的灵敏度很高。但由于须用特殊光纤及高精度检测系统，因此成本高。

2. 红外传感器的发展前景

红外探测器应用可以用于非接触式的温度测量，气体成分分析，无损探伤，热像检测，红外遥感以及军事目标的侦察、搜索、跟踪和通信等。红外传感器的应用前景随着现代科学技术的发展，将会更加广阔。在将来的发展中，主要在红外传感器的性能和灵敏度方面会有较大的提高。发展趋势主要有：

1）智能化

目前的红外传感器主要结合外围设备来使用，而内置微处理器，能够实现传感器与控制单元的双向通信，具有小型化、数字通信、维护简单等优点，能够单独作为一个模块独立工作。

2）微型化

传感器微型化是一个必然趋势。现在应用中，由于红外传感器的体积问题，导致其使用程度远不如热电偶高。所以红外传感器微型化便携与否对其发展前途的影响是不可忽略的。

3）高灵敏度及高性能

在医学上，人体体温测试方面，红外传感器因测量的快速性而得到了相当的应用，但局限于其准确度不高而没办法取代现有的体温测量方法。因此，红外传感器高灵敏度及高性能是其未来发展的必然趋势。

虽然现阶段的红外传感器还有很多的不足，但红外传感器已经在现代化的生产实践中发挥着巨大作用，随着探测设备和其他部分技术的提高，红外传感器能够拥有更多的性能和更好的灵敏度，也将有更广阔的应用范围。

3. 超声波传感器的测量电路

1）超声波传感器的等效电路

超声波传感器的等效电路如图 5-3-15 所示。其中图 5-3-15（a）所示为超声波传感器的电气符号，图 5-3-15（b）所示为超声波传感器的等效电路，R_a 为介电损耗内电阻，C_a 为压电元件两表面间的极间电容，C_g、L_g、R_g 分别为机械共振回路的等效电容、电感和电阻。

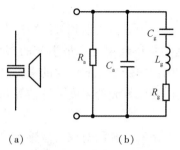

图 5-3-15 超声波传感器的等效电路

（a）电气符号图；（b）等效电路图

2）超声波传感器的发射电路

超声波传感器的发射电路如图 5-3-16 所示，由时基电路 555 组成，555 振荡电路的频率可以调整，调节电位器 R_{W1} 可将接收超声波传感器的输出电压频率调至最大，通常可调至40 kHz。

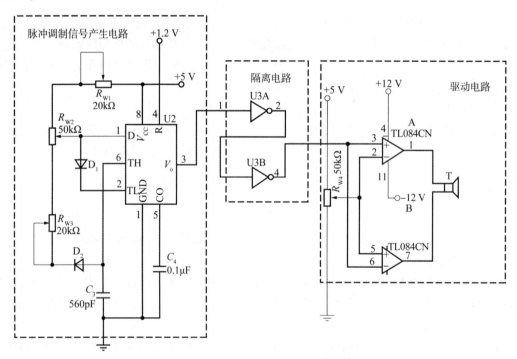

图 5-3-16 超声波传感器发射电路

3）超声波传感器的接收电路及信号处理电路

超声波传感器的接收电路及信号处理电路如图 5-3-17 所示，超声波接收电路使用超声波接收传感器 MA40EIR，MA40EIR 的输出由集成比较器 LM393 进行处理。LM393 输出的是比较规范的方波信号。

信号处理电路用集成电路 LM2901N，它原是测量转速用的 IC，其内部有 f/U 转换器和比较器，它的输入要求有一定频率的信号。

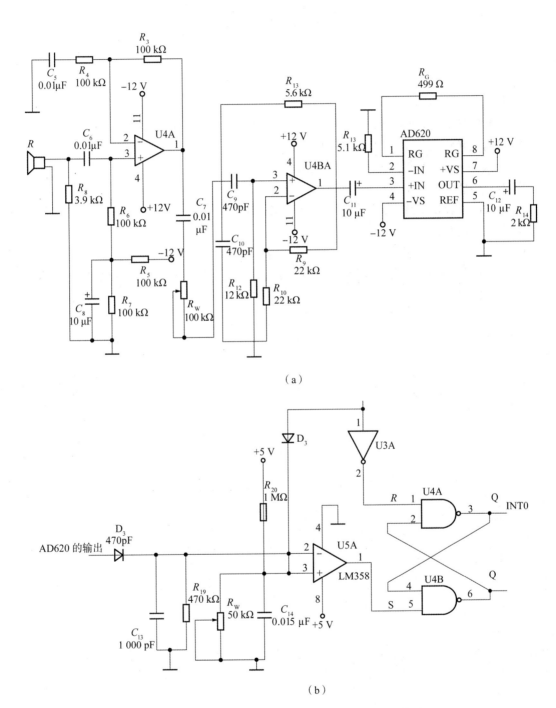

（a）

（b）

图 5-3-17 超声波传感器的接收电路及信号处理电路

（a）放大电路与带通滤波电路；（b）信号变换电路

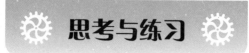
思考与练习

1. 简述光纤的结构及其工作原理。光纤检测有什么特点？

2. 什么是斯涅尔（Snell）定律？

3. 光纤传导光有几种状态？分别简述随入射角变化，折射角如何变化？

4. 请简述光纤的主要应用，并举例说明。

5. 什么是红外线？简述红外传感器的基本结构。

6. 红外传感器按照探测机理可以分为哪几类？

7. 红外传感器的工作原理是什么？它有什么特点？

8. 什么是超声波？它有什么特点？

9. 超声波传感器的工作原理是什么？它主要由哪几部分组成？

10. 根据所学过的知识，分析超声波汽车倒车防盗装置的工作原理。该装置还可以有其他哪些用途？

参 考 文 献

[1] 吴旗. 传感器及应用 [M]. 北京：高等教育出版社，2002.

[2] 张存礼，周乐挺. 传感器原理与应用 [M]. 北京：北京大学出版社，2005.

[3] 徐科军，马修水. 传感器与检测技术 [M]. 北京：电子工业出版社，2008.

[4] 王俊杰. 检测技术与仪表 [M]. 武汉：武汉理工大学出版社，2002.

[5] 徐科军. 传感器动态特性的实用研究方法 [M]. 合肥：中国科学技术大学出版社，1999.

[6] 曲波. 工业常用传感器选型指南 [M]. 北京：清华大学出版社，2002.

[7] 陈德池. 传感器及其应用 [M]. 北京：中国铁道出版社，1993.

[8] 王之芳. 传感器应用技术 [M]. 西安：西北工业大学出版社，2001.

[9] 黄继昌. 传感器工作原理及实用实例 [M]. 北京：人民邮电出版社，1998.

[10] 机械工业技师教材编审委员会. 维修电工技师培训教材 [M]. 北京：机械工业出版社，2005.

[11] 刘伟. 传感器原理及实用技术 [M]. 北京：电子工业出版社，2006.

[12] 朱自勤. 传感器与检测技术 [M]. 北京：机械工业出版社，2005.

[13] 刘希金. 传感器与检测技术 [M]. 北京：电子工业出版社，2004.

[14] 黄贤武，郑筱霞. 传感器原理与应用 [M]. 成都：电子科技大学出版社，1998.

[15] 许兴在. 传感器近代应用技术 [M]. 上海：同济大学出版社，1994.

[16] 严钟豪，谭祖根. 非电量电测技术 [M]. 北京：机械工业出版社，1989.

[17] 何希才. 传感器及其应用电路 [M]. 北京：电子工业出版社，2001.

[18] 张福学. 现代实用传感器电路 [M]. 北京：中国计量出版社，1997.

[19] 李军，贺庆之. 检测技术及仪表 [M]. 北京：中国轻工业出版社，1989.

[20] 单成祥. 传感器的理论与设计基础及其应用 [M]. 北京：国防工业出版社，1999.

[21] 浙江天煌科技实业有限公司. THSRZ-1 型传感器模块调试指导书 [Z]. 杭州：浙江天煌科技实业有限公司，2008.

[22] 浙江天煌科技实业有限公司. THSRZ 传感器实验系统软件使用手册 [Z]. 杭州：浙江天煌科技实业有限公司，2008.

[23] 浙江天煌科技实业有限公司. THSRZ-1 型传感器系统综合实验装置简介 [Z]. 杭州：浙江天煌科技实业有限公司，2009.